Martin Pabst, U- und S-Bahn-Fahrzeuge

Titelbild: Berliner S-Bahn-Klassiker, Foto: Bodo Schulz

Die Deutsche Bibliothek – CIP-Einheitsaufnahme

Ein Titeldatensatz für diese Publikation ist
bei Der Deutschen Bibliothek erhältlich

ISBN 3-932785-18-5

© 2002 by GeraMond Verlag
im Hause GeraNova Zeitschriftenverlag GmbH, D-81673 München
http://www.geranova.de

durchgesehener Nachdruck der 1. Auflage 2000

Lektorat: Martin Hanisch
Herstellung: Hubert Bertele
Druck: Printer Trento
Printed in Italy

Martin Pabst

U- und S-Bahn-Fahrzeuge

in Deutschland

GeraMond

An U- und S-Bahn-Fahrzeuge werden besondere Anforderungen gestellt, denn im Schnellbahnbetrieb muß trotz engem innerstädtischem Haltestellenabstand eine hohe Reisegeschwindigkeit erzielt werden. Sie liegt bei U- und S-Bahnen zwischen 30 und 40 km/h, bei Schnellstraßenbahnen zwischen 20 und 25 km/h, bei Straßenbahnen zwischen 10 und 20 km/h. Gefordert bei der Konstruktion von Schnellbahnfahrzeugen sind daher eine hohe Beschleunigung und Bremsverzögerung, hohe Fahrgeschwindigkeiten sowie geräumige Türen und Auffangräume zur Beschleunigung des Fahrgastwechsels. Gerade bei Schnellbahnfahrzeugen empfiehlt sich eine möglichst leichte Bauweise, um die erforderlichen hohen Beschleunigungswerte von $0{,}7–1{,}2$ m/s^2 in stark besetzten Fahrzeugen mit möglichst geringem Energieaufwand realisieren zu können.

Zur Bildung langer Züge müssen Schnellbahntriebfahrzeuge mittels geeigneter Steuerungen im Zugverband einsetzbar sein. Die Zweirichtungsbauweise ist Standard, da es im Schnellbahnbetrieb in der Regel keine Wendeschleifen oder Wendedreiecke gibt. Wenn Zugbegleiter eingesetzt werden, müssen entsprechende Kabinen bzw. Durchgangstüren vorgesehen werden. Wegen der begrenzten Bahnsteiglängen auf Tunnelabschnitten wird danach getrachtet, ungenützten Raum nach Möglichkeit einzusparen. Hierzu dienen kurzgekuppelte Wagenenden bzw. der Wegfall von Führerständen auf einer Wagenseite.

Dieses Buch stellt die im Jahr 2000 vorhandenen U- und S-Bahn-Triebfahrzeuge in zweiseitigen Fahrzeugporträts vor. Auf lokbespannte Wendezüge wird nur in den Einführungskapiteln eingegangen. Vorangestellt sind allgemeine Kapitel über die Entwicklung der U- und S-Bahn-Fahrzeuge sowie kurze Porträts der Einsatzbetriebe.

Als Triebwagen werden Einzelwagen mit angetriebenen Radsätzen bezeichnet, die allein oder zusammen mit Beiwagen, Steuerwagen oder weiteren Triebwagen eingesetzt werden. Zwei kurz gekuppelte, motorisierte Triebwagen werden als Doppeltriebwagen (DT) bezeichnet. Besteht ein Triebwagen aus einzelnen Wagenteilen, die gelenkig miteinander verbunden sind, spricht man von einem Gelenktriebwagen. Mehrere miteinander fest verbundene Einzelwagen (Trieb-, Mittel- bzw. Steuerwagen), die betrieblich nicht getrennt werden, werden als Triebzug bezeichnet.

In die Darstellung aufgenommen wurden Schnellbahnfahrzeuge verwandter Verkehrssysteme:

KAPITEL U-BAHN-FAHRZEUGE
Stadtbahn Frankfurt (Main)
U-Bahn-ähnlicher Betrieb auf mehreren Linien, eine ausschließlich im Untergrund verlaufende Linie

Schwebebahn Wuppertal

Stadtschnellbahn mit U-Bahn-ähnlicher Betriebsweise

KAPITEL S-BAHN-FAHRZEUGE

Stadtbahn Karlsruhe

Auf DB-Strecken in das Umland führende Zweisystem-Stadtbahn; die Regionallinien werden mit dem Qualitätsmerkmal „S" bezeichnet.

Stadtbahn Saarbrücken

Auf DB-Strecken in das Umland führende Zweisystem-Stadtbahn

Am Schluß des Buches findet sich ein Überblick über wichtige Sammlungen mit historischen U- und S-Bahn-Fahrzeugen. Weitere nicht aufgeführte Fahrzeuge sind als Denkmäler aufgestellt oder befinden sich im Privatbesitz.

Zeichenerklärung

Jedes Fahrzeugporträt teilt sich auf in
- Entwicklungs- und Einsatzgeschichte,
- Beschreibung des wagenbaulichen Teiles,
- Beschreibung des elektrischen Teiles,
- Technische Daten.

Aufgrund des beschränkten Platzes können nur die wichtigsten Einrichtungen des Fahrzeugs beschrieben werden. Auch kann die Numerierung nur überblicksweise angegeben werden. Abschließend folgt eine tabellarische Zusammenstellung der wichtigsten technischen Daten, ebenfalls bezogen auf die Serie, nicht auf einzelne Außenseiter mit Variationen. Nach Möglichkeit werden die aktuellen Daten, nicht der Stand bei Auslieferung angegeben. Die Bezeichnung der Radsatzfolge folgt der üblichen Standardisierung:

A   ein von einem Motor angetriebener Radsatz

B   zwei von einem Motor angetriebene Radsätze

Bo   zwei von zwei Motoren angetriebene, aber in einem Rahmengestell liegende Radsätze

1   ein nicht angetriebener Radsatz

2   zwei nicht angetriebene Radsätze

'   Kennzeichnung eines beweglichen Radsatzes; Fahrwerkes oder Drehgestelles

+   Kennzeichnung miteinander fest verbundener Wagenteile in der Radsatzformel

Unter „Länge" wird, wenn nicht anders angegeben, die Länge über Stirnfront, unter „Breite" die maximale Breite angegeben. Bei der Stundenleistung wird die zugrundeliegende Stromspannung ergänzt. Umbaujahre werden hinter den Baujahren in Klammern angegeben.

Da alle deutschen U- und S-Bahn-Betriebe in Regelspurweite (1435 mm) ausgeführt sind, wird auf eine gesonderte Angabe der Spurweite verzichtet.

U- und S-Bahnen sind schienengebundene Massenverkehrsmittel. Sie verkehren abgeschirmt vom Individualverkehr (IV) in einer eigenen Ebene. Der Begriff S-Bahn wurde 1930 von der Deutschen Reichsbahn in Zusammenhang mit der Elektrifizierung der Berliner Stadt-, Ring- und Vorortbahn geprägt. Als Erkennungssymbol wurde das weiße S auf grünem Grund eingeführt. In Berlin steht S-Bahn für den Traditionsbegriff Stadtbahn, ansonsten für Schnellbahn. Folgende Merkmale sind für eine S-Bahn charakteristisch: Schnellverkehr, unabhängiges Gleisnetz, zahlreiche Haltepunkte, erhöhte Bahnsteige, Taktfahrplan, dichte Zugfolge, kurze Haltezeiten, hohe Reisegeschwindigkeit, zweckbezogene Fahrzeuge (zumeist Triebzüge), Bedienung der Region eines Großraumes, Erschließung des Innenstadtbereiches, Verknüpfungspunkte mit anderen Verkehrsmitteln, Sondertarif. Wenn mehrere Merkmale nicht erfüllt sind, kann man allenfalls von S-Bahn-ähnlichem Betrieb sprechen.

Die erste deutsche Untergrundbahn wurde 1902 in Berlin eröffnet. Das weiße U auf blauem Grund wurden bald zu einem überregionalen Markenzeichen. Die U-Bahn teilt viele Merkmale mit der S-Bahn, doch gibt es auch charakteristische Unterschiede. So ist der Tunnelanteil bei der U-Bahn höher. Denn im Gegensatz zur S-Bahn ist die U-Bahn in erster Linie ein städtisches Verkehrsmittel, und wegen der hier vorherrschenden dichten Bebauung werden die Strecken überwiegend unterirdisch geführt. Oberirdische Abschnitte in den Außenbezirken müssen wegen der beim U-Bahn-Betrieb zumeist verwendeten Stromzuführung über eine seitliche Schiene aufwendig abgeschirmt werden. Wegen der hohen Tunnelbaukosten sind Lichtraumprofil und Bahnsteiglängen begrenzt. Die Kapazität von U-Bahn-Fahrzeugen wird durch die baulich vorgegebenen Wagenbreiten und Wagen- bzw. Zuglängen eingeschränkt. Dafür werden bei der U-Bahn in der Regel dichtere Taktfolgen als bei der S-Bahn gefahren. Außerdem sind die Haltestellenabstände bei der U-Bahn kürzer als bei der S-Bahn.

Diese Charakteristika erklären sich aus den unterschiedlichen Aufgaben und der unterschiedlichen Genese beider Verkehrsmittel: Die U-Bahn bewältigt die Hauptverkehrsströme im Stadtbe-

Von unten bestrichene, seitliche Stromschiene (U-Bahn München)

reich, was für die S-Bahn nur eine sekundäre Aufgabe ist. Hauptaufgabe der S-Bahn ist es, starke Pendlerströme der Region zu bündeln, mit den städtischen Ballungszentren zu verknüpfen und dort auf andere Verkehrssysteme zu verteilen. S-Bahnen werden in der Regel aus bestehenden Eisenbahnnetzen entwickelt, während U-Bahnen zumeist als Nachfolger bestehender Straßenbahnlinien neu angelegt werden. Mitunter werden sie über die Zwischenstufe der U-Straßenbahn oder Stadtbahn schrittweise aus Straßenbahnen entwickelt.

Die Herkunft der U-Bahn vom Straßenbahnbetrieb dokumentiert auch die Tatsache, daß alle deutschen U-Bahnen mit 750 V Gleichspannung betrieben werden, während die deutschen S-Bahn-Systeme – von Berlin und Hamburg abgesehen – 15 kV 16 2/3 Hz-Wechselspannung verwenden.

Immer wieder machten andere Stadtschnellbahnen der U-Bahn Konkurrenz: zur Jahrhundertwende die aufgeständerte Hochbahn sowie die einschienige Hängebahn System Albert Langen (wie in Wuppertal realisiert), in den 50er Jahren die Alwegbahn, in jüngster Zeit die Magnetbahn. Alle diese Verkehrsmittel konnten sich nicht durchsetzen. Für Millionenstädte über 1 Mio. Einwohner gilt die U-Bahn bis heute als das geeignetste Massenverkehrsmittel.

Die Stadtbahn ist ein Zwitter zwischen Straßenbahn und U-Bahn. Als ältestes

U- und S-Bahn begegnen sich im Münchner Bahnhof Neuperlach Süd

System wurde ab 1968 das Stadtbahnsystem Frankfurt (Main) eröffnet. Im Unterschied zur U-Bahn wird die Stadtbahn im Oberleitungsbetrieb betrieben und besitzt einen hohen Anteil an oberirdischen Streckenabschnitten. Diese sind bei manchen Stadtbahnsystemen straßenbahnähnlich ausgeführt (Tiefbahnsteige, unvollkommene Trennung vom IV, Fahren auf Sicht), bei anderen U-Bahn-ähnlich (Hochbahnsteige, ausschließliche oder weitgehende Trennung vom IV, Zugsicherungsanlagen).

Die unterirdischen Abschnitte der Stadtbahnen weisen U-Bahn-Standard auf. Sie werden vor allem von Städten in einer Größe zwischen 300 000 und 1 Mio. Einwohnern angelegt. Stadtbahnen können schrittweise aus dem bestehenden Straßenbahnnetz entwickelt werden.

Die älteste U-Bahn auf dem europäischen Kontinent wurde 1896 von Siemens & Halske in Budapest erbaut. Die unterirdische Strecke der „Földalatti" wurde in offener Bauweise unmittelbar unter der Straßendecke angelegt. Der Bodenrahmen der vierachsigen Triebwagen war zwischen den Drehgestellen stark abgekröpft. Dadurch wurde eine Fußbodenhöhe von lediglich 450 mm über Schienenoberkante möglich. Die 11,07 m langen Fahrzeuge waren 2,35 m breit und nur 2,60 m hoch. Über den Drehgestellen waren die Fahrerkabinen angeordnet, dazwischen befand sich der über eine mittlere Schiebetür zu erreichende Fahrgastraum. Die Stromzuführung erfolgte über eine Oberleitung. Die „Földalatti" war in Normalspur (1435 mm) ausgeführt. Dieses Maß findet sich bisher auch bei allen deutschen U-Bahnen.

Für Berlin propagierte Siemens & Halske lange vergeblich eine Hochbahn. Schließlich wurden die ersten Strecken teilweise als Hochbahn, teilweise im Untergrund angelegt. Das Tunnelprofil

Berlin: U-Bahn-Drehgestell mit zwei Tatzlagermotoren von 1902

der zweigleisigen Strecke betrug 6,24 x 3,30 m und war damit geringfügig größer dimensioniert als das Budapester Profil (6,00 x 2,75 m). Später ging Berlin zu einem größeren Profil (6,90 x 3,60 m) über, weswegen man bei den ältesten Linien die Bezeichnung „Kleinprofil" einführte. Es erlaubt den Einsatz von über Kupplung max. 12,70-12,83 m langen und max. 2,35 m breiten Fahrzeugen. Dies entspricht den Maßen eines Straßenbahnwagens. Das jüngere Großprofil erlaubt eine max. Wagenbreite von 2,65 m, was z. B. dem Stuttgarter Stadtbahnwagen DT8 entspricht. Die in den 70er Jahren eröffneten U-Bahn-Systeme München und Nürnberg können hingegen 2,90 m breite Wagen einsetzen, was international als U-Bahn-Standard gilt. Die Berliner Kleinprofillinien verwenden eine von oben bestrichene, die Großprofillinien eine von unten bestrichene Stromschiene (750 V Gleichspannung).

Siemens & Halske erbaute 1899 zwei vierachsige Probetriebwagen mit Endtüren und Quersitzen (Anordnung 2+1). Sie kamen aber nie im Fahrgastbetrieb zum Einsatz. Die ersten Serienfahrzeuge des Typs A1 besaßen einen streng rechteckigen Grundriß. Die 12,7-12,8 m über Kupplung langen Fahrzeuge wiesen einen Radstand von 1,80 m und einen Drehzapfenabstand von 7,50 m auf. Ein Triebwagen wog leer 24,9-27,2 t und bot 26-31 Sitzplätze (Beiwagen: 15,2-15,3 t, 34-38 Sitzplätze). Die Dächer waren mit Ober-

Sechswagenzug der Berliner Hoch- und Untergrundbahn (Typ A1) auf dem Aufstellgleis Warschauer Brücke, um 1902

lichtaufbauten versehen, die an den Wagenenden elegant nach unten gezogen waren (Schleppdach). An den Wagenenden waren handbediente Einfachschiebetüren vorgesehen. Im Innenraum fanden sich Längssitze. Bis 1927 wurde eine 2. Wagenklasse mit Polstersitzen angeboten. Die meisten Triebwagen besaßen nur einen Führerstand, weswegen Vierwagenzüge mit je einem Endtriebwagen und zwei dazwischen eingestellten Beiwagen die Regel waren. Es wurden aber auch Triebwagen mit zwei Führerständen geliefert, die auf Außenstrecken als Einzelwagen eingesetzt wurden. Als Kupplung wurde eine handbediente Mittelpufferkupplung verwendet. Bremsluft- und Stark- bzw. Steuerstromleitungen mußten zusätzlich gekuppelt werden.

Die ersten Berliner Triebwagen waren mit drei Motoren ausgerüstet. Ab der 2. Lieferung wurden vier 54-kW-Motoren eingebaut. Die Triebwagen wurden über Schaltrad-Schleifringfahrschalter gesteuert und erreichten eine Höchstgeschwindigkeit von 50 km/h. Zunächst konnten maximal zwei Triebwagen mittels Stufenschaltung und Starkstromleitung im Zugverband verkehren. 1907 wurde eine handbediente Vielfachsteuerung mit Schützen eingeführt, die Züge mit maximal vier Trieb- und vier Beiwagen ermöglichte. Als Betriebsbremse diente die druckluftbediente Klotzbremse. Die ersten A1-Wagen waren reine Holzfahrzeuge. Ab 1925/26 ging man zur Stahlskelettbauweise über. In 18 Lieferungen wurde bis 1929 eine Gesamtzahl von 364 Trieb- und 256 Beiwagen geliefert. Mit Eingliederung der Schöneberger U-Bahn kamen 1928 weitere 18 A1-Triebwagen hinzu. Die einzelnen Lieferungen unterschieden sich u. a. im Bereich der Fensteraufteilung.

Verschiedentlich mußten A1-Wagen auf Großprofillinien aushelfen, so 1923/24 auf der ersten Großprofillinie sowie von 1945-68 im Ostteil Berlins.

Zur Überbrückung des Spaltes zwischen Fahrzeug und Bahnsteigkante mußten in diesen Fällen seitliche Bretter angebracht werden. Bei der BVG im Westen Berlins wurden die letzten A1-Wagen 1968 aus dem Verkehr gezogen. Auf der Kleinprofillinie der BVB im Ostteil der Stadt fuhren sie als weltweit älteste Schnellbahnfahrzeuge bis 1989. Bis zum Schluß wurden die Mittelpufferkupplungen verwendet.

1928/29 wurden 96 Trieb- und 96 Beiwagen des Nachfolgetyps A2 gebaut. Die in den Grundabmessungen unveränderten Fahrzeuge brachten verschiedene Neuerungen: Dachzielkästen mit Rollbändern, Doppelschiebetüren, geänderte Fenstereinteilung, selbsttätige Zugsteuerung über Fahrschalter mit motorisch angetriebener Schaltwalze und 14 Schützen, vollautomatische Scharfenbergkupplungen mit Aufsätzen für elektrische Leitungen und eine elektrisch angesteuerte Zweikammer-Druckluftbremse. Zwei Dutzend A1- bzw. A2-Wagen wurden von 1949-51 auf den Drehgestellen kriegszerstörter Fahrzeuge in alter Form wiederaufgebaut. Im Westen Berlins fuhren die letzten A2-Wagen 1973, im Osten 1989.

Für die ersten Großprofillinien wurden 1913/14 (Nordsüdbahn) sowie 1916 (Linie Gesundbrunnen – Neukölln) je zwei Prototypen gebaut. Die Nordsüdbahnwagen waren als Abteilwagen mit fünf Schiebetüren und durchgehenden Quersitzen konzipiert. Da die Nordsüdbahn ursprünglich mit einer an der Tunneldecke aufgehängten Stromschiene betrieben werden sollte, waren sie mit kleinen Dachstromabnehmern ausgerüstet. Die beiden eckigen Probewagen wurden nie im Personenbetrieb eingesetzt. Einer von ihnen war noch bis 1969 als Hilfsgerätewagen im Einsatz und wurde leider verschrottet. Die beiden für die AEG-Linie Gesundbrunnen – Neukölln gebauten Probewagen wiesen vier Außentüren und versetzt

Berliner Kleinprofil-Triebwagen A1 (Ursprungstyp)

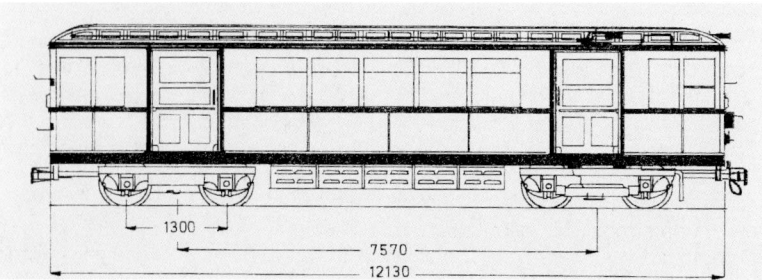

1300   7570   12130

angeordnete Querbänke unter Verzicht auf einen Mittelgang auf. Sie wurden bereits 1921, sechs Jahre vor Linieneröffnung, an die Reichsbahn abgegeben, die sie bis 1929 auf der elektrifizierten Vorortstrecke Berlin Potsdamer Bahnhof – Groß-Lichterfelde-Ost einsetzte. Beim Abriß eines Gartenhauses

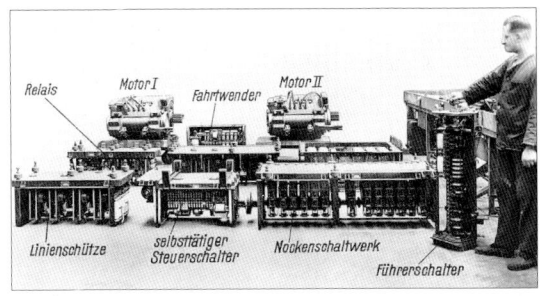

Selbsttätige Vielfachsteuerung mit elektrisch angetriebenem Nockenschaltwerk (Berlin 1929)

wurde im Jahr 2000 einer der beiden AEG-Probewagen wiederentdeckt.

Für die erste Berliner Großprofillinie wurden von 1924–26 insgesamt 74 Trieb- und 84 Beiwagen des Typs B1 in Betrieb genommen. Sie erhielten pro Wagenseite drei Seitentüren sowie konventionelle Längsbänke im Innenraum. Wegen der eigentümlichen ovalen Stirnfenster links und rechts der mittleren Führerstandstür wurden die B1-Wagen „Tunneleulen" genannt. Ein Triebwagen wog 32,8 t, ein Beiwagen 19,7 t. Die Triebwagen besaßen einheitlich nur einen Führerstand und wurden von vier Tatzlagermotoren à 85 kW angetrieben. Von Beginn an wurde die halbautomatische Scharfenbergkupplung verwendet. Der Schleifringfahrschalter war mit einem Sicherheitsfahrschalter ausgerüstet. Die Schützensteuerung ermöglichte den Einsatz im Zugverband. Als Betriebsbremse diente die stufenweise lösbare Einkammer-

Druckluftbremse mit Bremsklötzen. Da der neue Wagentyp C1 noch in Erprobung war, wurde 1927/28 eine Serie von 20 Trieb- und 57 Beiwagen des verbesserten Typs B2 nachgeliefert. Er zeichnete sich durch rechteckige Stirnfenster, Dachzielkästen mit Rollband und stärkere Motoren (100 statt 85 kW) aus. Im Juni 1969 wurden die letzten B1- bzw. B2-Wagen außer Dienst gestellt.

Mit dem beliebten Großprofiltyp C stand erstmals ein Großraumwagen zur Verfügung (Länge über Kasten 18,0 m im Vergleich zu 12,90 m beim Typ B). Neu war auch die selbsttätige Türschließvorrichtung für die drei bzw. bei manchen Wagen vier Schiebetüren pro Wagenseite. Zunächst wurden zwölf C1-Trieb- und zwölf C1-Beiwagen als Probefahrzeuge beschafft.

Die Serienlieferung erfolgte ab 1930. Zur Erhöhung der Reisegeschwindigkeit wurden nun ausschließlich Triebwagen beschafft. Zwei der vier Achsen wurden von 100-kW-Motoren angetrieben. Die 114 C2-Triebwagen wurden mit druckluftgesteuerten Scheibenbremsen, die 30 C3-Triebwagen mit einer elektrischen Betriebsbremse sowie einer Federbremse ausgerüstet. Letztere waren für die 1930 eröffnete Linie Alexanderplatz – Friedrichsfelde bestimmt. Die Triebwagen kamen in Zwei- bis Vierwagenzügen zum Einsatz.

Alle C2- und C3-Triebwagen waren mit einer selbsttätigen elektrischen Steuerung und einer vollautomatischen Scharfenbergkupplung ausgerüstet. Das mit Schaltmotor ausgerüstete Nockenschaltwerk wies zwölf Schaltstufen auf. Die Führerstandtrennwände konnten zusammengeklappt werden, um an einem Wagenende zusätzlichen

Raum für Fahrgäste zu gewinnen. Probeweise wurde 1930 ein Leichtmetallzug (Typ C4) geliefert, der aus einem Triebwagen, Beiwagen und Triebwagen bestand. Das Kastengerippe war aus Aluminiumprofilen genietet, das Untergestell bestand aus Stahl. Diese Bauweise reduzierte die Eigenmasse um 12 Prozent, konnte sich aber wegen des aufwendigeren Fertigungsprozesses noch nicht durchsetzen. Die C4-Triebwagen waren mit vier Motoren ausgerüstet. Im Beiwagen waren kombinierte Längs- und Quersitze eingebaut.

Im September 1945 wurden 120 C-Wagen von der sowjetischen Besatzungsmacht für die Moskauer U-Bahn beschlagnahmt. In Berlin verblieben nur 46 Triebwagen; sie kamen alle zum westlichen Betriebsteil. Die letzten Vor-

Für das Berliner Großprofilnetz wurden die Triebwagen der erfolgreichen Baureihe C entwickelt

kriegswagen des Typs C wurden bis April 1975 eingesetzt.

Die Hamburger Hochbahn verwendete im Unterschied zu Berlin ausschließlich Triebwagen. Sie kamen in Zwei-, Vier-, Sechs- und Achtwagenzügen zum Einsatz. Die Fahrzeuge des eckigen Anfangstyps A (später als T bezeichnet, Bild S. 145 oben) waren 12-13 m lang und 24-25,5 t schwer. Mit einer Wagenbreite von 2,56 m lagen sie zwischen dem Berliner Klein- und Großprofil (2,26 m bzw. 2,65 m). Der Kasten war in Holzbauweise erstellt. Auffällige Unterschiede zu Berlin waren die fehlende mittlere Führerstandstür und die zwei kleinen, links bzw. rechts angeordneten Führerstandsfenster. Das Dach war nicht als Schleppdach, sondern als Tonnendach ausgebildet. Pro Wagenseite waren zwei handbediente Einfachschiebetüren vorgesehen. Im Unterschied zu Berlin waren neben Längssitzen auch Quersitze in Abteilform (Anordnung 2+1) eingebaut. Bis 1920 wurde eine 2. und 3. Klasse angeboten. Die meisten Triebwagen waren nur mit einem Führerstand ausgerüstet. Einige wenige erhielten für den Einsatz auf Außenstrecken zwei Führerstände. Der kurbelbetätigte Fahrschalter wies zwölf Fahrstufen auf. Pro Drehgestell war nur ein Motor eingebaut. Als Betriebsbremse diente die selbsttätige, mehrlösige Druckluftbremse mit Bremsklötzen. Eine elektrische Bremse war nicht vorhanden. Ab der 11. Lieferung (Baujahr 1925/26)

ging man von der Mittelpufferkupplung zur vollautomatischen Scharfenbergkupplung über. In Hamburg wurden T-Wagen noch bis Ende 1970 eingesetzt. Der damals älteste Wagen von 1925 hatte über 3,3 Mio. Kilometer zurückgelegt. Er war mehrfach modernisiert worden: 1926 Knorr-Druckluftbremsanlage, 1927 Scharfenbergkupplung, 1935 Neuverblechung, 1945 automatische Türschließvorrichtung, 1954 Aluminiumtüren, Sicherheitsglas, 1958 Fahrsperre, 1961 Nirosta-Verblechung und farbige Kunststoffsitze.

Hundert Hamburger Altwagen wurden von 1959-61 grundlegend modernisiert und erhielten dabei neue Beblechungen aus Nirosta-Stahl (TU 2-Wagen). Mit Ausnahme der Türen waren die Fahrzeuge nicht mehr lackiert. Die Stirnfronten wurden grundlegend umgestaltet: zwei große Fenster, unten angeordnete Stirn- und Schlußleuchten, auf dem Dach angebrachter Zielkasten mit Rollbandbeschilderung.

Eine zweite Wagengeneration wurde Ende der 30er Jahre in Angriff genommen. 1939 wurde bei vier Waggonfabriken je ein Probewagen bestellt (14. Lieferung). Zu den Neuerungen gehörten u. a. Wagenkästen in Ganzstahlbauweise, Dächer mit Oberlichtaufbauten, drei statt zwei Stirnfenster, Zielkästen mit Rollbändern, vier statt zwei Motoren und die von 60 km/h auf 80 km/h gesteigerte Höchstgeschwindigkeit. 1944/45 trafen weitere zehn Probewagen ein (15. Lieferung).

Sie waren nun als kurzgekuppelte Wagenpaare ausgeführt. Die Stirnfenster waren bis zur unteren Brüstung der Seitenfenster herabgezogen. An eine Serienbestellung war nach Kriegsende nicht mehr zu denken.

Die Probewagen konnten aber den Wiederaufbau kriegszerstörter Fahrzeuge beeinflussen. Sie wurden ebenfalls als kurzgekuppelte Pärchen ausgeführt und erhielten neue Wagenkästen mit verlängertem Rahmen, zwei Stirnfenster, Dachzielkästen mit Rollbandanlage und elektropneumatische Türschließvorrichtungen. Acht Triebwagen wurden versuchsweise mit neuen Drehgestellen, stärkeren Motoren, einem selbsttätigen Schaltwerk sowie einer Widerstandsbremse versehen. Die von 1947-53 aufgebauten Fahrzeuge wurden zunächst als B-, später als TU 1-Wagen bezeichnet.

Ab Mitte der 50er Jahre konnten Berlin und Hamburg an die überfällige Er-

Hamburg: Ein Starkstrom-Nocken-schaltwerk (Typ DT1 von 1958)

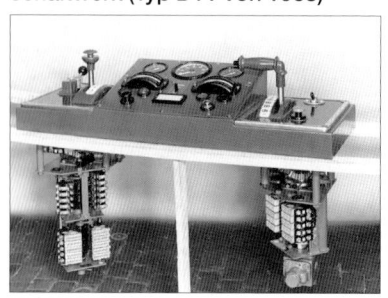

neuerung ihrer U-Bahn-Flotten gehen. Berlin hatte die Nase vorn: 1958 gingen die ersten Serienfahrzeuge in Betrieb, in Hamburg ein Jahr später. Zur Erhöhung der Reisegeschwindigkeit rückte Berlin vom bisherigen Beiwagenbetrieb ab und führte allachsgetriebene Fahrzeuge ein. Der in Stahlleichtbauweise gefertigte, kurzgekuppelte Doppeltriebwagen D für das Großprofilnetz wurde mit längsliegenden Tandemantrieben der Firma DÜWAG ausgerüstet. Das Nockenschaltwerk wurde von einem Schaltwerkmotor angetrieben. Wiederum hielt Berlin an den Längssitzen fest, von denen man erst in den 70er Jahren abging. Die fortgeschrittene Schweiß- und Fertigungstechnik in der Aluminiumverarbeitung ermöglichte es, 1966 zu Leichtmetallfahrzeugen (Typ DL) überzugehen, die die Eigenmasse um 26 % reduzierten. Bei den nordamerikanischen U-Bahnen gehörten sie seit Anfang der 60er Jahre zum Standard. Für das Berliner Kleinprofilnetz wurde 1960 aus dem Typ D ein Doppeltriebwagen des Typs A3 abgeleitet (Einzelwagen von 15,50 m auf 12,53 m über Kasten verkürzt). Ab 1966 wurde dieser Typ in Leichtmetallbauweise gefertigt (Typ A3L).

Beim VEB Berliner Verkehrs-Betriebe (BVB) im Ostteil trafen 1957/58 zwei Probewagen einer geplanten Großprofilbauart E ein. Die 18 m langen, vierachsigen Triebwagen wiesen auf jeder Seite vier Doppelschiebetüren auf. Sie waren mit einem elektrisch angetriebenen Nockenschaltwerk ausgerüstet. Die als „Kaputniks" verspotteten Fahrzeuge konnten technisch nicht befriedigen, weswegen die BVB statt dessen S-Bahn-Triebzüge der Baureihe 275 in U-Bahn-Großprofilwagen umbaute (Typ EIII, Bild S. 151). Für die Ostberliner Kleinprofillinie wurden zwischen 1978 und 1989 die in Aluminiumbauweise gefertigten Doppeltriebwagen des Typs GI/1 beschafft. Sie sind mit einem konventionellen elektromagnetischen Steuerschaltwerk ausgerüstet.

Hamburg stellte 1959 einen kurz gekuppelten Doppeltriebwagen mit der Bezeichnung DT 1 in Dienst. Nirosta-Stahlbleche kamen zum Einbau. Erstmals bei einem deutschen U-Bahn-Wagen wurden Kunststoffsitze vorgesehen. Im Unterschied zu Berlin wurden pro Drehgestell zwei querliegende Tatzlagermotoren eingebaut. Die Fahrzeuge wurden mit einem Starkstrom-Nockenschaltwerk ausgestattet.

Optisch und konstruktiv wich der ab 1962 beschaffte Nachfolgetyp DT 2 von seinem Vorgänger stark ab. Zur Einsparung eines Drehgestelles wurde das Fahrzeug als sechsachsiger Doppeltriebwagen ausgeführt, dessen beide Wagenhälften auf einem mittleren Laufgestell ruhten. Nur die Enddrehgestelle waren angetrieben. Das Fahrzeug war als „all electric car" ausgeführt, die Bedienung des Fahrschalters erfolgte nun über Pedale. Äußerlich fiel das besonders leicht gebaute Fahrzeug durch das neugestaltete, moderne Design und die

unlackierten, gesickten Seitenwände aus Nirostablechen auf.

Ein Fahrzeug mit einem Laufgestell reduziert zwar die Anschaffungs- und Betriebskosten, doch müssen aufgrund der niedrigeren Reisegeschwindigkeit mehr Fahrzeuge pro Umlauf eingesetzt werden. Hamburg kehrte daher 1968 beim äußerlich und wagenbaulich ähnlichen Nachfolger DT 3 zum allachsgetriebenen Fahrzeug zurück, wie er inzwischen in Berlin Standard war. Der dreiteilige Triebzug DT 3 besteht aus drei kurzgekuppelten, vierachsigen Triebwagen. Um mit dem DT 1 betrieblich kuppelbar zu sein, wurde er elektrisch und brems-technisch auf diesen Typ ausgerichtet (u. a. wieder Ausstattung mit Druckluftbremse).

Die neuen U-Bahn-Betriebe München und Nürnberg nahmen den Betrieb mit 2,90 m breiten Doppeltriebwagen in Aluminiumbauweise auf (Typ A bzw. DT1). Die Drehgestelle waren vom Berliner Typ DL abgeleitet. Gehobenen Fahrkomfort bot die bisher bei deutschen U-Bahn-Wagen nicht verwendete Luftfederung. Das motorgetriebene Nockenschaltwerk wurde über eine elektronische Thyristorsteuerung kontaktlos geschaltet.

In den 70er und 80er Jahren ermöglichten die Fortschritte in der Bahnelektronik nicht nur eine ungeahnte Steigerung des Fahrkomforts, sondern auch eine Senkung der Betriebs- und Wartungskosten. Zunächst setzte sich die Gleichstromstellersteuerung durch, die verschleißlos und ohne Widerstände arbeitet. Die Gleichstromsteller (auch Chopper genannt) „zerhacken" die Fahrdrahtspannung und regeln damit das Anfahren und Bremsen stufenlos. Bis zu 30 Prozent des Stromverbrauches können beim Bremsen in die Oberleitung bzw. in die Stromschiene zurückgespeist werden.

Der nächste Schritt war der Übergang vom Gleichstrommotor zum schleifring- und bürstenlosen Drehstromasynchronmotor, der besonders leicht und wartungsarm ist. Er benötigt einen Wechselrichter, der die erforderliche Drehspannung mit veränderlichen Frequenzen erzeugt. Ebenso wie der vorgeschaltete Gleichstromsteller ist der Wechselrichter aus elektronischen Leistungshalbleiterbauelementen (Thyristoren und Dioden) aufgebaut.

Insgesamt ist die Drehstromausrüstung allerdings etwas schwerer als die Gleichstromausrüstung. Im Bereich der Antriebstechnik setzten sich kompakte

München: Triebdrehgestell des Typs A mit längsliegendem Motor

Antriebe durch, die die früher getrennten Fahrmotoren und Achsgetriebe zusammenflanschen und ohne Lager bzw. Lagerschilde integrieren.

Im wagenbaulichen Teil hat sich heute die Aluminium-Integral- bzw. Differentialbauweise durchgesetzt. Lediglich Hamburg hält an der Stahlleichtbauweise fest. Einer ansprechenden und zweckmäßigen Innenraumgestaltung wird nun verstärkte Aufmerksamkeit geschenkt. Neben den klassischen Quersitzen in Abteilform werden Sitzgruppen, Längssitze sowie Mehrzweckräume vorgesehen. Um das individuelle Sicherheitsgefühl der Fahrgäste zu erhöhen und die Fahrgastaufteilung zu verbessern, sind Berlin (sechsteiliger Großprofiltyp H bzw. vierteiliger Kleinprofiltyp HK), Hamburg (vierteiliger Typ DT 4) und München (sechsteiliger Typ C) zu durchgehend begehbaren Fahrzeugen übergegangen. Rekordhalter wird der fast 114 m lange Münchner Triebzug Typ C sein. Allerdings sind solche Langfahrzeuge im Unterhalt teurer. Außerdem bietet der mancherorts angestrebte automatische U-Bahn-Betrieb den Vorteil, extrem kurze Taktfolgen bei reduzierten Zuglängen anzubieten. Nürnberg, das die im Bau befindliche Linie U3 fahrerlos betreiben wird, wird daher wieder einen Doppeltriebwagen ausschreiben. Die Fahrzeuge sollen ohne Führerstände bestellt werden; diese könnten bei Bedarf aber nachgerüstet werden. Anders als bei den Vorläufern DT1 und

München: Mit dem Übergang vom Typ A zum Typ B wurde nicht nur ein neues Design, sondern auch wartungsarme Drehstromantriebstechnik eingeführt

DT2 wird der DT3 aber einen Übergang zwischen beiden Wagenhälften erhalten. Endziel ist der Einsatz der Doppeltriebwagen auf den U-Bahn-Linien U2/U3 in einer Taktfolge von 100 Sekunden.

Auch bei den Berliner Verkehrsbetrieben (BVG) gab es Überlegungen, für den fahrerlosen Betrieb vom sechsteiligen Typ H auf dreiteilige Triebzüge überzugehen.

Bei der E-Ausrüstung sind heute vollgekapselte, wassergekühlte, hochtourige Drehstromasynchronmotoren und Stromrichter mit Gate-Turn-Off-Transistoren (GTO) oder Insulated-Gate-Bipolar-Transistoren (IGBT) als Leistungsschalter Standard. Alle genannten Neubautypen sind mit Einzelachs-Querantrieben ausgerüstet.

Zentrale Mikroprozessorsteuerungen in 32-Bit-Technik übernehmen alle Steuerungsfunktionen. Die Kommunikation mit den verschiedenen Subsystemen erfolgt über Fahrzeug- bzw. Zugbus.

Größere Bedeutung könnten in Zukunft systemübergreifende Lösungen gewinnen. Zum Nutzen der Fahrgäste werden bei Bedarf die Grenzen zwischen den Verkehrssystemen aufgehoben. So verkehren in Amsterdam U-Bahn-Fahrzeuge sowohl unter Oberleitung als auch an der Stromschiene.

Eine Variante für Großstädte unter 1 Mio. Einwohner bzw. für Ergänzungslinien in Millionenstädten ist die Klein-U-Bahn, wie z. B. in Lille, Toulouse, Rennes, Osaka und Kobe angelegt. Durch das stark verkleinerte Tunnelprofil werden die Baukosten erheblich reduziert. Bereits 1979 stellte das Institut für Fahrzeugtechnik der TU Berlin ein solches Konzept vor. Das niedrigere Fassungsvermögen des 34,52 m langen, 2,45 m breiten, meterspurigen Doppeltriebwagens würde durch die sehr dichte Zufolge kompensiert, die der computergesteuerte, fahrerlose Betrieb ermöglicht. 1999 empfahl eine Studie die Anlage einer ringförmigen Klein-U-Bahn in München.

Betriebsporträt: Kleinprofil-Linien

Das Netz der Berliner Untergrundbahn teilt sich in Klein- und Großprofillinien auf. Erstere besitzen einen Tunneldurchmesser von 6,24 m, letzere von 6,90 m. Für die beiden Netze müssen unterschiedliche Fahrzeuge beschafft werden.

Die 1902 abschnittsweise eröffnete Anfangsstrecke zwischen Warschauer Brücke und Knie (heute Ernst-Reuter-Platz) wurde überwiegend als Hochbahn ausgeführt. Lediglich der Endabschnitt zwischen Kleiststraße und Knie verlief im Tunnel und wurde in 1,5facher Tieflage angelegt. Vom Bahnhof Gleisdreieck verlief eine Abzweigstrecke zum Leipziger Platz (heute Potsdamer Platz). Nach einem schweren Unfall wurde der Bahnhof Gleisdreieck im Jahr 1912 in einen Kreuzungsbahnhof umgebaut. 1926 wurde zwischen Gleisdreieck und Nollendorfplatz eine parallel zur Hochbahn verlaufende Entlastungsstrecke angelegt (überdeckte Rampenstrecke zwischen Gleisdreieck und Kurfürstenstraße, Tunnelstrecke zwischen Kurfürstenstraße und Nollendorfplatz).

Bis Ende 1913 hatte die Strecke im Norden die Schönhauser Allee erreicht. Im Westen war sie zum Stadion (heute Olympia-Stadion), im Südwesten über eine Zweiglinie zum Thielplatz ausgedehnt worden. Außerdem waren zwei kurze Zweigstrecken (Bismarckstraße – Wilhelmplatz [heute Richard-Wagner-Platz], Wittenbergplatz – Uhlandstraße) angelegt worden. Eine Sonderrolle spielte die im Dezember 1910 eröffnete Stichstrecke vom Nollendorfplatz zur

Hauptstraße (heute Innsbrucker Platz). Erbauer und Eigentümer war die noch selbständige Stadt Schöneberg; die Betriebsführung oblag der Hochbahngesellschaft. 1926 wurde sie in die Hochbahngesellschaft integriert. Anfang 1929 ging die Hochbahngesellschaft in der Berliner Verkehrs-AG (BVG) auf. 1929/30 wurde die Kleinprofillinie A im Westen bis Ruhleben, im Südwesten zur Krummen Lanke sowie im Norden bis Pankow/Vinetastraße verlängert. (Der Abschnitt Warschauer Brücke – Hauptstraße bzw. Uhlandstraße wurde als Linie B bezeichnet.) Die Entwicklung des Kleinprofilnetzes war damit zum Abschluß gekommen.

Nach dem Mauerbau wurden im Westteil noch die Linien Schlesisches Tor – Ruhleben (U1; Liniennummern seit 1966), Gleisdreieck – Krumme Lanke (U2), Wittenbergplatz – Uhlandstraße (U3), Nollendorfplatz – Innsbrucker Platz (U4) und Deutsche Oper – Richard-Wagner-Platz (U5) betrieben, im Ostteil die

Linie Pankow – Thälmannplatz (heute Mohrenstraße). Drei Jahrzehnte lang ruhte der Betrieb auf den Abschnitten Schlesisches Tor – Warschauer Brücke und Thälmannplatz – Gleisdreieck.

Im Westen wurde der Hochbahnabschnitt Gleisdreick – Wittenbergplatz wegen zu geringer Auslastung von 1972-93 nicht betrieben. Der Abschnitt Deutsche Oper – Richard-Wagner-Platz wurde 1970 durch Verlängerung einer Großprofillinie ersetzt. Nach der „Wende" wurde das gesamte Kleinprofilnetz bis 1995 wieder in Betrieb genommen.

Nach langer Zeit kam nun wieder eine Neubaustrecke im Kleinprofilnetz hinzu: Die U2 wurde am 16. September 2000 von Pankow/Vinetastraße zum S-Bahnhof Pankow verlängert.

Noch bis 1989 standen die Altbaufahrzeuge der Typen A1 (Bild) und A2 auf der Kleinprofillinie im Ostteil Berlins im täglichen Einsatz

Doppeltriebwagen A3; A3L

Nach einer Pause von 31 Jahren wurde 1960 wieder ein neuer Wagentyp für das Kleinprofilnetz in Betrieb genommen. Die Kleinprofil-Doppeltriebwagen des Typs A3 wurden von den drei Jahre jüngeren Großprofil-Doppeltriebwagen des Typs D abgeleitet.

Die DWM lieferte die Doppeltriebwagen 984/985-998/999 (A3.60), 912/913-932/933 (A3.66), die Waggon-Union die Nr. 934/935-982/983 (A3.64), 892/893-910/911 (A3.66). Ab dem Typ A3.64 wurde ein leichterer Stahl verwendet. Ab 1966 bestellten die BVG den Nachfolgetyp A3L in massensenkender Leichtmetallbauweise. Orenstein & Koppel lieferte die Nr. 884/885-890/891 (A3L.66), 794/795-882/883 (A3L.67) und 656/657-792/793 (A3L.71). Die geraden Nummern bezeichnen die Steuerwagen, die ungeraden die Kompressorwagen. Bis zu vier Doppeltriebwagen bilden einen Zug. Sämtliche Wagen waren von Anfang an für Einmannbetrieb vorbereitet.

Konstruktiv entspricht der Typ A3 dem Typ D, doch sind die Abmessungen verringert: Wagenlänge des Einzelwagens 12,53 m statt 15,50 m, Wagenbreite 2,30 statt 2,65 m, Achsstand im Drehgestell 1,90 m statt 2,10 m, Drehzapfenabstand 7,57 m statt 9,50 m. Der Wagenkasten ist beim Typ A3 in geschweißter Stahlbauweise, beim Typ A3L in Leichtmetallbauweise unter Verwendung von Aluminium-Strangpreßprofilen erstellt. Beim Typ A3L entfiel die seitliche Eingangstür zum Fahrerstand. Erstmals im Kleinprofilnetz erhielt jeder Einzelwagen pro Wagenseite drei Türen. Die Doppelschiebetüren werden über Druckluft betätigt. Im Unterschied zum Typ D ist zwischen den Türen nur ein Seitenfenster vorgesehen.

Innen finden sich Längssitze. Pro Drehgestell ist ein längsliegender Motor eingebaut, der über zwei Hohlwellengetriebe beide Achsen antreibt. Beim Übergang zur Leichtmetallbauweise wurde im Gegensatz zum

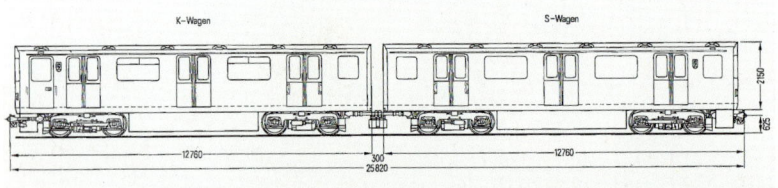

Großprofil die Drehgestellkonstruktion nicht verändert.

Das Nockenschaltwerk wird von einem Schaltwerkmotor mit Stromwächter angetrieben. Bei den ab 1964 abgelieferten Fahrzeugen wird ein elektronischer statt magnetischer Stromwächter verwendet. Die Höchstgeschwindigkeit ist, wie bei allen Kleinprofiltypen, auf 62 km/h festgelegt. Als Hauptbremse wird die fremderregte Widerstandsbremse verwendet. Hinzu kommt als Anhalte- und Notbremse die druckluftbediente Scheibenbremse. Bei den Leichtmetallwagen A3L konnte die Motorleistung gesenkt werden. Wegen der großen Differenz zwischen Eigen- und Besetztmasse mußte ein elektronisch geregelter Gleitschutz eingebaut werden. Das Nockenschaltwerk wurde weiterentwickelt. Infolge getrennter Anordnung der Fahr- und Bremsstufen konnte der Fahrbremswender entfallen, ebenso der Richtungswender. Damit werden sowohl die Eigenmasse als auch der technische Aufwand reduziert. Der elektronische Fahrregler ist zusammen mit sämtlichen Steuerungs- und Schaltgeräten unter dem Wagen in einem Gerätekasten untergebracht.

Technische Daten*

Radsatzfolge	B'B'+B'B'
Länge ü.K.	25,66 m
Breite	2,30 m
Radstand im Drehgestell	1,90 m
Drehgestellmittenabstand	7,57 m
Eigenmasse	41,1; 38,5; 32,0 t
Sitzplätze	52
Motorleistung	
4 x 120; 120; 100 kW (750 V =)	
Baujahre	1960/66; 1966/71

*) in Reihenfolge A3L.60; A3L.64; A3L.66

1975 stellte der Lokomotivbau-Elektrotechnische Werke Hennigsdorf (heute Adtranz) für die Kleinprofillinie der Berliner Verkehrsbetriebe (BVB) einen neuen Doppeltriebwagen vor. Seit 1993 gelangen die Züge dieses Typs auch in den Westen Berlins.

Die vier Probezüge mit den BVG-Nummern 492/493-498/499 sind bereits ausgemustert. Mit diesen Doppeltriebwagen gingen auch die BVB im Ostteil vom Triebwagen-/Beiwagenbau ab. In die zwischen 1978 und 1989 erbauten Serienfahrzeuge der Typen Gl bzw. Gl/1, genannt „Gisela", mit den BVG-Nummern 266/267-490/491 sind verschiedene Verbesserungen eingeflossen. Sie sind breiter und höher als die Probezüge. An der Front entfiel der separate Zielschildkasten; die zunächst runden Stirnlampen wurden in ovalen Einheiten zusammengefaßt. Außerdem wurden die Seitenfenster tiefer herabgezogen. Zwölf Doppeltriebwagen wurden 1983 ab Werk an die U-Bahn Athen ausgeliehen und kamen erst 1984/85 nach Berlin. Heute werden nur noch die Fahrzeuge der letzten Serien 266/267 – 368/369 (Baujahr 1988/89,

als Gl/1 bezeichnet) eingesetzt. 1997 konnten 60 ältere Doppeltriebwagen an Pjöngjang/Nordkorea verkauft werden.

Das Fahrzeug besteht aus zwei kurzgekuppelten vierachsigen Triebwagen. Der Wagenkasten ist in Aluminium-Leichtmetallbauweise unter Verwendung von Strangpreßprofilen gefertigt. Die Hauptbaugruppen wurden miteinander verschweißt. Als Seitenverkleidung wurden gesickte Alubleche angebracht. Nur auf einer Wagenseite (= Gla) ist ein Führerstand eingebaut. Da die Fahrzeuge nur in Zügen mit zwei oder vier Doppeltriebwagen eingesetzt werden, konnte der Führerstand auf der anderen Wagenseite (= Glb) eingespart werden. In ihren Abmessungen orientieren sich die Gl-Fahrzeuge an den Altbaufahrzeugen. Im Unterschied zu den Neubauwagen

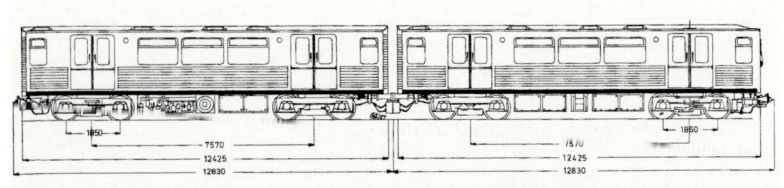

im Westen sind weiterhin nur zwei Doppelschiebetüren pro Wagenseite vorgesehen. Diese werden über Druckluft bedient und weisen eine lichte Weite von 1200 mm auf. Innen sind Längssitze eingebaut. Die Drehgestell-Schweißkonstruktion mit Längs- und Querträgern in H-Form ist besonders leicht ausgeführt. Zur Achsfederung sind mehrschichtige Metallgummifedern eingebaut. Der Wagenkasten stützt sich über die Wiege und Metallgummifedern auf die Drehgestelle ab.

Das konventionelle elektromagnetische Steuerschaltwerk weist 23 Fahr- und 22 Bremsstufen auf. Es wird über Schütze bedient. Pro Drehgestell treibt ein längsliegender, eigenbelüfteter Motor über zwei Hohlwellengetriebe beide Achsen an. Als Be-

triebsbremse dient die selbsterregte Widerstandsbremse, ergänzt durch eine auf alle Achsen wirkende Druckluft-Scheibenbremse sowie eine als Feststellbremse dienende Federspeicherbremse.

Technische Daten*

Radsatzfolge	B'B'+B'B'
Länge ü.K.	25,66 m
Breite	2,36 m
Radstand im Drehgestell	1,85 m
Drehgestellmittenabstand	7,57 m
Eigenmasse	37 t
Sitzplätze	66
Motorleistung	4 x 120 kW (750 V =)
Baujahre	1988/89

*) GI/1

Doppeltriebwagen A3L.82

Die mit Gleichstromstellersteuerungen versehenen Kleinprofilfahrzeuge des Typs A3L.82 sind eine Weiterentwicklung der bewährten A3L-Fahrzeuge der Baujahre 1966/71 mit Schaltwerksteuerung. Äußerlich wurden sie dem Großprofiltyp F angepaßt.

Die Waggon-Union lieferte 1982/83 acht Doppeltriebwagen mit den Betriebsnummern 640/641-654/655 (A3L.82). Bis zu vier Doppeltriebwagen werden in einem Zugverband eingesetzt. Zwischen 1993 und 1995 wurden von ABB die äußerlich gleichen Doppeltriebwagen 538/539-638/639 (A3L.92) nachgeliefert, die Drehstromantriebstechnik erhielten.

Der Wagenkasten ist in Leichtmetallbauweise unter Verwendung von Aluminium-Strangpreßprofilen gefertigt. Die Fronten wurden an den Großprofiltyp F angepaßt. Jeder Einzelwagen verfügt pro Wagenseite über drei druckluftbetriebene Doppelschiebetüren. Innen sind Längsbänke vorgesehen. Die Drehgestelle und Wiegen sind geschweißte Stahlkonstruktionen. Wiederum wurde auf den bewährten DÜWAG-Tandemantrieb zurückgegriffen. Pro Drehgestell treibt ein längsliegender Motor über zwei Hohlwellengetriebe beide Achsen an.

Siemens entwickelte in Zusammenarbeit mit der AEG-Telefunken und der BVG die elektrische Ausrüstung. Die Gleichstromstellersteuerung mit kontinuierlicher Feldschwächung ermöglicht eine Rückspeisung von Bremsenergie in die Stromschiene. Neben dem Vorteil der Energieeinsparung reduziert die Gleichstromstellertechnik auch den Wartungsaufwand. Das in der Fahrerraumrückwand einge-

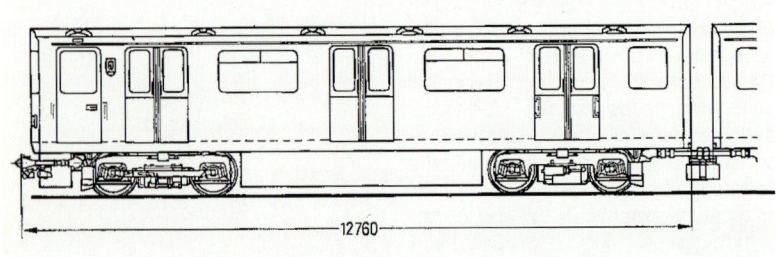

baute mikroprozessorgeregelte Wagensteuergerät verarbeitet die Zugsteuersignale zur Steuerung der Fahr- und Bremsausrüstung, überwacht die Funktionen der Antriebsausrüstung, regelt den Schleuder- und Gleitschutz und speichert Zustandsmeldungen. Alle Komponenten der Antriebsausrüstung und der Hilfebetriebe eines Einzelwagens sind in einem kompakten Gerätecontainer eingebaut. Sie erfordert einen geringeren Platzbedarf für die Unterbringung der Starkstromkomponenten und ermöglicht eine einfache Fahrzeugmontage. Neben der selbsterregten, gemischten Nutz- und Widerstandsbremse sind eine Druckluft-Scheibenbremse sowie eine Feder-

speicherbremse vorhanden. Durch die Drehstromantriebstechnik bei der Serie A3L.92 werden die Betriebs- und Unterhaltskosten weiter vermindert.

Technische Daten*

Radsatzfolge	B'B'+B'B'
Länge ü.K.	25,82 m
Breite	2,30 m
Radstand im Drehgestell	1,90 m
Drehgestellmittenabstand	7,57 m
Eigenmasse	35,3; 37,4 t*)
Sitzplätze	52
Motorleistung	4 x 100; 89 kW (750 V =)*)
Baujahre	1982; 1994/95

*) in Reihenfolge A3L.82; A3L.92

Vierteiliger Triebzug HK

Nach bewährter Art wurde aus dem sechsteiligen Großprofil-Triebzug des Typs H (siehe S. 40) ein vierteiliger Triebzug HK für das Kleinprofilnetz abgeleitet. Im Unterschied zu seinem Vorbild ist er nicht allachsgetrieben: Pro Einzelwagen ist eine Laufachse vorgesehen.

Bereits 1997 sollten 25 HK-Triebwagen in Betrieb genommen werden, doch wegen fehlender Mittel mußte die Fertigstellung mehrfach verschoben werden. Erst ab Ende 2000 wird die Vorserie 1001-1004 von Adtranz geliefert.

Wagenbaulich entspricht der Typ HK dem Typ H: Der in Aluminium-Integralbauweise erstellte Wagenkasten ist als „leere Röhre" ausgeführt. Alle Geräte sind nach Möglichkeit im Dach-, Führerstands- und Unterflurbereich angeordnet. Ein Endwagen ist 12,44 m lang, ein Mittelwagen 11,93 m. Äußerlich unterscheidet sich der Typ HK vom Typ H durch die gerade statt gekrümmte Frontscheibe sowie durch die andere Fensterteilung zwischen den Türen (ein langes statt zwei kurze Fenster). Pro Wagenseite sind drei elektrisch angetriebene, doppelte Außenschwenkschiebetüren vorgesehen. Die mit Faltenbälgen verkleideten Übergänge sind kaum eingezogen. Sie sollen die Fahrgastverteilung optimieren, das Sicherheitsgefühl der Fahrgäste stärken und eine großzügige Innenraumatmosphäre schaffen. Die Längssitze entsprechen dem im Kleinprofilnetz gewohnten Standard. Durch die sekundäre Luftfederung wird der Fahrkomfort erheblich verbessert. Das dreistufige Energieverzehrsystem minimiert Stöße und Schwingungen zwischen den Einzelwagen.

Die elektrische Ausrüstung wurde von Adtranz entwickelt. Als Novum bei der BVG ist pro Einzelwagen eine Laufachse vorgesehen: Zum einen reicht bei dem Kleinprofilfahrzeug die

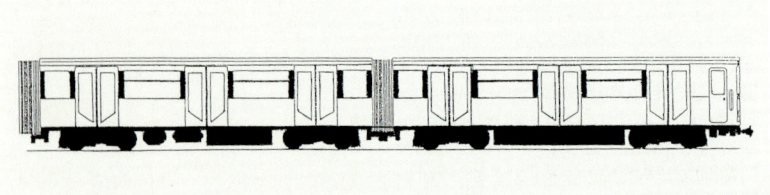

Antriebsleistung von drei Motoren pro Einzelwagen aus, da der leistungsfähige Motor des Großprofiltyps H übernommen wurde. Zum anderen verspricht sich die BVG eine Verbesserung des Gleitschutzes, wenn eine echte Laufachse als dessen Referenzachse verwendet wird. Ein wirkungsvoller Gleitschutz ist insbesondere bei den Kleinprofil-Einschnittstrecken von Bedeutung, die im Herbst von dichtem Laub bedeckt sind. Jeweils sechs querliegende Drehstromasynchronmotoren werden von einem wassergekühlten Stromrichter, bestehend aus GTO-Gleichstromstellern inklusive Bremssteller und Kommutierungskondensatoren, gespeist. Für die Fahrzeugsteuerung sind zwei zentrale Zug- und Fahrzeugsteuergeräte in 32-Bit-Technik verantwortlich. Die Kommunikation mit den Subsystemen erfolgt über je einen seriellen Fahrzeugbus. Das Fahrzeug verfügt über zwei Drehstrombordnetzumrichter. Neben der Nutz- und Widerstandsbremse sind die elektropneumatische Bremse sowie eine Federspeicherbremse vorhanden.

Technische Daten

Radsatzfolge	
(Bo)'(A1)'+(1A)'(Bo)'+(Bo)'(A1)'+(1A)'(Bo)'	
Länge ü.K.	51,59 m
Breite	2,30 m
Radstand im Drehgestell	1,80 m
Drehgestellmittenabstand	7,57 m
Eigenmasse	107,4 t
Sitzplätze	64
Motorleistung	12 x 85 kW (750 V =)
Baujahre	ab 2000

Die Großprofillinien der Berliner Untergrundbahn

Das Großprofilnetz ermöglicht den Einsatz von 2,65 m breiten Fahrzeugen, während im Kleinprofilnetz nur eine Wagenbreite von 2,26 m möglich ist. Mit fünf Linien ist das Berliner Großprofilnetz heute ausgedehnter als das Kleinprofilnetz, das vier Linien zählt.

Im Jahr 1912 wurde mit dem Bau einer Nord-Süd-Strecke begonnen, die aber erst nach dem Weltkrieg fertiggestellt wurde. Der erste Abschnitt zwischen Hallesches Tor und Stettiner Bahnhof (heute Nordbahnhof) wurde am 30. Januar 1923 eröffnet. Die Linie C wurde mit einer Tunnelbreite von 6,90 m ausgeführt. Die Stromschiene bei den Großprofillinien wird nicht von oben, sondern von unten bestrichen. Bis 1930 wurde die Linie im Norden bis zur Seestraße und im Süden bis Tempelhof bzw. Grenzallee verlängert.

Als zweite Nord-Südlinie (D) folgte zwischen 1927 und 1930 die Linie Gesundbrunnen – Alexanderplatz – Leinestraße. Als dritte Linie wurde außerdem 1930 die Verbindung Alexanderplatz – Friedrichsfelde (E) in Betrieb genommen. Das Großprofilnetz hatte damit eine Streckenlänge von 32,5 km erreicht. Noch war das Kleinprofilnetz mit 43,4 km größer.

Nach Beseitigung der zahlreichen Kriegsschäden begann 1953 eine neue Ausbauphase. Die Linie C wurde 1956/58 von der Seestraße nach Tegel verlängert. Die Neubaustrecke verläuft z.T. oberirdisch. Im Nordwesten wurde 1961 eine dritte Nord-Süd-Linie G vom Leopoldstraße zur Spichernstraße in Betrieb genommen. Nach der Teilung von Berlin (13. August 1961) durchfuhren die Nord-Süd-Linien C und D die im Ostteil liegenden Bahnhöfe ohne Halt. Lediglich an der Friedrichstraße konnte zur S-Bahn umgestiegen werden. Die VEB Berliner Verkehrs-Betriebe (BVB) betrieben als einzige Großprofillinie die E (Alexanderplatz – Friedrichsfelde). 1973 wurde sie von Friedrichsfelde zum Tierpark sowie 1988/89 oberirdisch auf einer früheren Güter-Umgehungsstrecke vom Tierpark nach Hönow verlängert. Weitere Neubaustrecken nach Weißensee, Springpfuhl/Marzahn und Hohenschönhausen waren geplant, wurden aber nicht ausgeführt.

Im Westen wurden 1966 Liniennummern eingeführt. Aus der Linie C wurde die U6, aus einer Zweigstrecke die U7, aus der D die U8 und aus der G die U9. Konsequent wurde das Großprofilnetz ausgedehnt. Dies erfolgte auch zu Lasten der ungeliebten S-Bahn, die im Westteil der Stadt bis 1984 von der Deutschen Reichsbahn betrieben wurde. So entstand aus der Abzweigstrecke Mehringdamm – Grenzallee der Linie C bis 1984 eine Nordwest-Südost-Transversale Rathaus Spandau – Rudow (Linie U7). Nach der Wiedervereinigung Berlins wurden die

Ein Großprofilzug der Linie U6 mit DL-Doppeltriebwagen 2370/2371 im Bahnhof „Platz der Luftbrücke"

stillgelegten unterirdischen Bahnhöfe im Juli 1990 wieder in Betrieb genommen. Wegen der hohen Kosten ist das jüngste Neubauprojekt „Kanzler-U-Bahn" (Verlängerung der U5 vom Alexanderplatz zum Lehrter Bahnhof) umstritten. Sie soll nach neuesten Vorstellungen im Jahr 2011 in Betrieb gehen.

In dem Forschungsprojekt STAR (Systemtechnik für den automatischen Regelbetrieb) wird seit 1996 der fahrerlose U-Bahn-Betrieb erprobt. Berlin plant, diese Betriebsweise auf verschiedenen Abschnitten einzuführen. Das gesamte Berliner U-Bahn-Netz (Groß- und Kleinprofil) umfaßte zum Jahresanfang 2000 eine Streckenlänge von 143,3 km und neun Linien. Für das Großprofilnetz standen 866, für das Kleinprofilnetz 516 Fahrzeuge zur Verfügung. Bis 1999 wurde der Wagenpark komplett auf Zugführer-Selbstabfertigung umgerüstet.

Doppeltriebwagen D

Mit den Großprofil-Doppeltriebwagen des Typs D wurde eine grundlegende Modernisierung des U-Bahn-Wagenparks eingeleitet. Zur Steigerung von Reisegeschwindigkeit und Fahrkomfort entfiel die Beschaffung von Beiwagen.

1956 wurde der von Orenstein & Koppel entwickelte Prototyp mit Nr. 2001/2002 vorgestellt. Ein Teil der Serienwagen wurde bei der DWM gebaut. Die zwischen 1957 und 1965 gelieferten Fahrzeuge erhielten die Betriebsnummern 2002/2003-2052/2053 (D57), 2054/2055-2112/2113 (D60), 2114/2115-2184/2185 (D63), 2186/2187-2228/2229 (D65). Sie werden in Zwei-, Vier- oder Sechswagenzügen eingesetzt. 31 Doppeltriebwagen wurden 1989 an die Berliner Verkehrs-Betriebe (BVB) für die Großprofillinie Alexanderplatz – Hönow abgegeben (Bild). Mit der Wiedervereinigung der Betriebe kehrten sie 1992 zu den Berliner Verkehrsbetrieben (BVG) zurück. Am 25. September 1999 wurden die letzten D-Wagen außer Dienst gestellt. 108 Doppeltriebwagen konnten 1999 nach Pjöngjang/Nordkorea

verkauft werden. Der ab 1965 gefertigte Nachfolgetyp DL ist in Aluminium-Leichtmetallbauweise hergestellt (siehe S. 34).

Der Doppeltriebwagen besteht aus zwei baugleichen Einzeltriebwagen von 15,50 m Kastenlänge. In einem der beiden Wagen ist das Schaltwerk untergebracht (als DS bezeichnet, gerade Nummern), in dem anderen der Druckluftkompressor und die Beleuchtungsanlagen untergebracht (DK, ungerade Nummern). Der Wagenkasten ist in geschweißter Stahlbauweise erstellt. Bei den 1965 erbauten Doppeltriebwagen 2186/2187 – 2228/2229 wurde ein leichterer Stahl verwendet, womit die Eigenmasse pro Einzelwagen um 0,7 t gesenkt werden konnte. Pro Wagen und Seite sind drei über Druckluft betätigte Doppelschiebe-

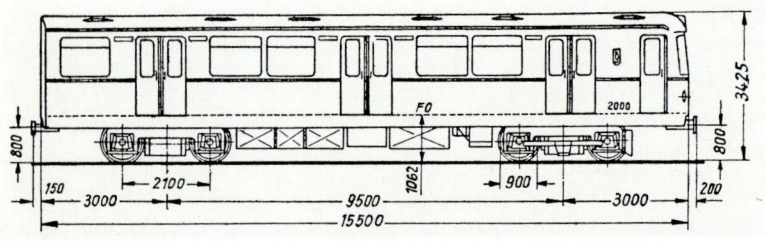

türen eingebaut. Im Innenraum finden sich die gewohnten Längsbänke. In jedem Drehgestell ist ein längsliegender Motor angeordnet. Er treibt über zwei Hohlwellengetriebe mit Zyklo-Palloid-Verzahnung beide Achsen eines Drehgestells an. Der Tandemantrieb mit den gekuppelten Radsätzen ermöglicht eine besonders hohe Anfahrbeschleunigung (bis zu 1,2 m/s²) und Bremsverzögerung.

Das Nockenschaltwerk mit 27 Fahrstufen (inklusive Shuntstufen) und 16 Bremsstufen wird von einem Schaltwerkmotor mit Stromwächter angetrieben. Bei den ab 1963 abgelieferten Fahrzeugen wird ein elektronischer statt magnetischer Stromwächter verwendet. Der Fahrschalter ermöglicht die Vorwahl von fünf Geschwindigkeitsstufen. Die Höchstgeschwin-

digkeit ist, wie bei allen Großprofiltypen, auf 72 km/h festgelegt. Als Hauptbremse wird die – gegenüber den Vorläufertypen verbesserte – fremderregte Widerstandsbremse, als Anhalte- und Notbremse die Druckluftbremse verwendet.

Technische Daten*

Radsatzfolge	B'B'+B'B'
Länge ü.K.	31,70 m
Breite	2,65 m
Radstand im Drehgestell	2,10 m
Drehgestellmittenabstand	9,50 m
Eigenmasse	49,9; 47,8 t*)
Sitzplätze	72
Motorleistung	4 x 150 kW (750 V =)
Baujahre	1957-65

*) Baujahre 1957-63; 1965

Doppeltriebwagen DL

Durch Übergang zur Leichtmetallbauweise konnte die Eigenmasse des Doppeltriebwagens D erheblich gesenkt werden. Der um 24 Prozent leichtere Doppeltriebwagen DL reduziert die Betriebskosten erheblich. Die Ausmusterung dieses Fahrzeugtyps hat bereits begonnen.

1965 konstruierte Orenstein & Koppel einen Doppeltriebwagen in Leichtmetallbauweise (Nr. 2230/2231). Nach erfolgreichem Testeinsatz wurden zwischen 1965 und 1971 die Serienwagen 2232/2233-2234/2235 (DL65), 2236/2237-2370/2371 (DL68) und 2372/2373-2430/2431 (DL70) gebaut. Der Auftrag ging an die Berliner Hersteller Orenstein & Koppel bzw. DWM. Die Doppeltriebwagen werden in Zwei-, Vier- oder Sechswagenzügen eingesetzt.

🚃 Der Wagenkasten entspricht in Formgebung und Hauptabmessungen dem Typ D (siehe S. 32). Aluminium-Strangpreßprofile wurden beim Bau verwendet. Das Eigenmasse eines Doppeltriebwagen konnte um 11,4 t gesenkt werden. Nicht nur der Wagenkasten, sondern auch andere Bauteile, wie z. B. das Getriebe- und Rollenachslagergehäuse, wurden in Leichtmetall gefertigt. Die Drehgestelle unterscheiden sich deutlich von denen des Vorläufers: Infolge der geringeren Eigenmasse konnten die Motorleistung verringert und die Triebdrehgestelle leichter gebaut werden. Pro Motor konnten 362 kg, pro Drehgestell 1 t an Eigenmasse eingespart werden. Der Typ DL ist mit Triebdrehgestellen des Kleinprofiltyps A3 (siehe S. 22f.) ausgerüstet. Der Radstand im Drehgestell wurde gegenüber dem Typ D von 2,10 auf 1,90 m, der Raddurchmesser (neu) von 900 mm auf 850 mm verringert.

⚡ Die Motorleistung wurde auf 135 kW pro Motor gesenkt. Wegen der großen Differenz zwischen Eigen- und Besetztmasse mußte ein elektronisch geregelter Gleitschutz vorgesehen werden. Das elektrisch geregelte Nockenschaltwerk des Typs DL wurde gegenüber dem Typ D weiterentwickelt. Es weist nun 25 Fahrstufen (inkl. Shunt-

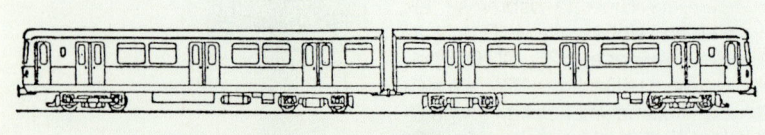

stufen) und zwölf Bremsstufen auf. Infolge getrennter Anordnung der Fahr- und Bremsstufen konnte der Fahrbremswender entfallen, ebenso der Richtungswender. Damit werden sowohl die Eigenmasse als auch der technische Aufwand reduziert. Ein neuentwickelter elektronischer Fahrregler ist zusammen mit sämtlichen Steuerungs- und Schaltgeräten unter dem Wagen in einem Gerätekasten angeordnet. Wie beim Typ D wird als Hauptbremse die fremderregte Widerstandsbremse, als Anhalte- und Notbremse die Druckluftbremse verwendet. 26 DL-Doppeltriebwagen des Baujahrs 1970 wurden für Linienzugbeeinflussung ausgerüstet. Eine Einheit erhielt probeweise luftgefederte Drehgestelle. Beim jüngsten Doppeltriebwagen 2430/2431 wurde probeweise eine gemeinsam von AEG-Telefunken und Siemens entwickelte, elektronische Thyristorsteuerung eingebaut.

Technische Daten*

Radsatzfolge	B'B'+B'B'
Länge ü.K.	31,70 m
Breite	2,65 m
Radstand im Drehgestell	1,90 m
Drehgestellmittenabstand	9,50 m
Eigenmasse	36,35 t*)
Sitzplätze	72
Motorleistung	4 x 135 kW (750 V =)
Baujahre	1965-71

*) DL65 (Serienwagen)

Mit dem Doppeltriebwagen des Typs F wurden zahlreiche Verbesserungen eingeführt: neues Außendesign, breitere Türen, Quersitze in bestimmten Wagenbereichen, verbesserte Innenbeleuchtung, neuentwickelte Drehgestelle, elektronische Thyristorsteuerung.

Orenstein & Koppel stellte 1973 den Doppeltriebwagen 2500/2501 vor. Daraufhin wurden zwischen 1974 und 1980 bei den Berliner Herstellern Orenstein & Koppel und Waggon-Union die Serienwagen 2502/2503-2554/2555 (F74), 2556/2557-2636/2637 (F76), 2638/2639-2670/2671 (F79.1) und 2712/2713-2722/2723 (F79.2) gebaut. Die Einheit 2578/2579 wurde 1977 probeweise mit einer Drehstromausrüstung ausgestattet. Daraufhin erhielten die Doppeltriebwagen 2712/2713-2722/2723 weiterentwickelte Drehstromantriebe (Serie F79.3, siehe S. 38f.).

Der Wagenkasten in geradliniger Kastenform ist in vollgeschweißter Leichtmetallbauweise gefertigt. Aluminium-Strangpreßprofile kamen zum Einbau. Auf Zierleisten wurde verzichtet. Erstmals wurden eckige statt runde Stirnleuchten vorgesehen. Gegenüber den Typen D/DL wurde der Wagenkasten um 200 mm verlängert. Dadurch konnte der Fahrerraum vergrößert werden, ebenso die lichte Weite der Doppelschiebetüren (1200 mm statt 965 mm). Durch eine Verringerung der Seitenwanddicke konnte zusätzlicher Platz im Innenraum gewonnen werden. Die Doppeltriebwagen sind mit einer druckluftbetriebenen Türschließanlage ausgerüstet. Im Innenraum wurden als Neuerungen Leuchtbänder und eine Lautsprecheranlage vorgesehen. Zwischen der ersten und dritten Tür eines Einzelwagens wurden Quersitze in Abteilform eingebaut. An den Wagenenden finden sich die gewohnten Längssitze. Die neuentwickelten Triebdrehgestelle sind in Stahlleichtbauweise gefertigt. Drehgestelle und Wagenkasten sind über einen Kugeldrehkranz miteinander verbunden. Wiege und Achsen werden über Megifedern abgefedert.

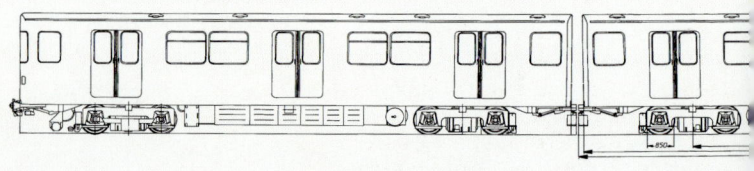

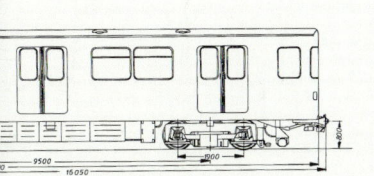

Pro Drehgestell treibt ein längsliegender Gleichstrommotor über zwei Kegelradgetriebe beide Achsen an.

Der Doppeltriebwagen Typ F ist mit seinen Vorgängern der Typen D/DL nicht mehr betrieblich kuppelbar. Wiederum wurde ein motorisch angetriebenes Nockenschaltwerk mit 35 Fahr- und 12 Bremsstufen eingebaut. Es wird nun ruckfrei mittels Thyristoren gesteuert. Der neuentwickelte Fahrregler wurde relaisfrei in Einschubtechnik ausgeführt. Die Doppeltriebwagen 2500/2501 - 2556/2557 wurden mit Linienzugbeeinflussung für den automatischen Zugbetrieb auf der Linie U9 ausgerüstet. Hauptbremse ist die Widerstandsbremse, Zusatzbremse die Druckluft-Scheibenbremse, ergänzt durch eine Federspeicherbremse.

Technische Daten*

Radsatzfolge	B'B'+B'B'
Länge ü.K.	32,10 m
Breite	2,64 m
Radstand im Drehgestell	1,90 m
Drehgestellmittenabstand	9,50 m
Eigenmasse	38,2 t*)
Sitzplätze	76*)
Motorleistung	4 x 135 kW (750 V =)
Baujahre	1974-80

*) F74 (Serienwagen)

Die Doppeltriebwagen der Serie F84 wurden mit wartungs- und energiesparenden Drehstromantrieben ausgerüstet. Äußerlich fallen sie durch die erstmals verwendeten Außenschwenkschiebetüren anstelle der gewohnten Taschenschiebetüren auf.

Nach erfolgreicher Erprobung einer mit Drehstromausrüstung versehenen F76-Einheit wurden sechs Doppeltriebwagen der Serie F79.3 (2712/2713-2722/2723) mit weiterentwickelter Drehstromtechnik sowie SIMOTRAC-Einzelachsantrieb ausgestattet. Die neue Technik bewährte sich und wurde für alle folgenden Serien übernommen. Die ab 1984 erbauten Fahrzeuge tragen die Betriebsnummern 2724/2725-2800/2801 (F84), 2802/2803-2842/2843 (F87), 2844/2845-2902/2903 (F90), 2904/2905-3012/3013 (F92). Ein schwarzes Fensterband an den Fensterfronten macht auf die weiterentwickelte Technik aufmerksam.

Mit Ausnahme der Türen entspricht der in Leichtmetallbauweise hergestellte Wagenkasten den Vorläuferserien F74, F76 und F79 (siehe S. 36). Pro Einzelwagen sind drei doppelte Außenschwenkschiebetüren von 1200 mm lichter Weite eingebaut. Sie schließen mit der Außenhaut des Wagenkastens bündig ab, was die Wartung erleichtert. Die lichte Höhe wurde vergrößert. Im Innenraum sind Abteilquersitze sowie an den Wagenenden Längssitze vorgesehen. Im Unterschied zu den Vorgängerserien wurden die Sitze mit roten Wollplüschbezügen ausgestattet. Der von Thyssen und Siemens entwickelte SIMOTRAC-Antrieb integriert Motor- und Achsgetriebe, womit die Eigenmasse reduziert wird. Der Radstand konnte um 100 mm verkürzt werden. Wie bereits bei den Fahrzeugen der Serie F79, sind die Räder mit Schallabsorbern zur Minderung des Kurvengeräusches ausgestattet.

Die Drehstromausrüstung wurde von Siemens in Zusammenarbeit mit AEG-Telefunken entwickelt. Der

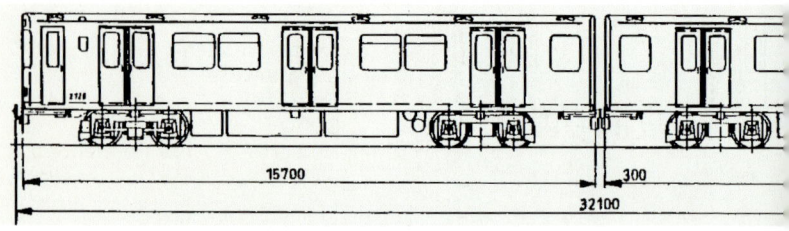

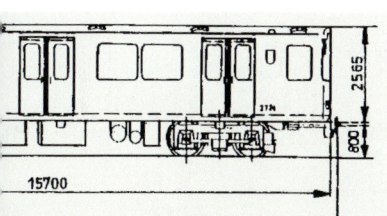

kommutatorlose Drehstromasynchronmotor ist kleiner und leichter als ein Gleichstrommotor. Er zeichnet sich durch höhere Zuverlässigkeit und geringere Wartungskosten aus. Der Thyristor-Umrichter zur Fahrmotorsteuerung besteht aus Gleichstromsteller und Wechselrichter. Jeweils zwei Triebdrehgestelle sind einem Umrichter zugeordnet. Er wandelt die 750-V-Gleichspannung aus der Stromschiene in dreiphasigen Drehstrom variabler Fre-

quenz und Spannung um. Die Leistungselektronik ermöglicht ein stufenloses und verlustarmes Anfahren und Bremsen. Rund 25 Prozent der aufgenommenen Leistung kann beim Bremsen in die Stromschiene zurückgespeist werden.

Technische Daten*

Radsatzfolge	B'B'+B'B'
Länge ü.K.	32,10 m
Breite	2,64 m
Radstand im Drehgestell	1,80 m
Drehgestellmittenabstand	9,50 m
Eigenmasse	42,5 t
Sitzplätze	72
Motorleistung	4 x 135 kW (750 V =)
Baujahre	1984/85

*) Serie F84

Sechsteiliger Triebzug H

Bei den jüngsten Triebzügen des Typs H sind die Einzelwagen mit begehbaren Übergängen verbunden. Das Außen- und Innendesign wurde grundlegend überarbeitet. Auch die E-Ausrüstung in modernster Steuer- und Leittechnik ist auf dem letzten Stand der Technik.

Die von der Waggon-Union entwickelten Probezüge Nr. 5001 und 5002 (H95) lieferten die Grundlage für die Serienzüge 5003-5026 (H97) und 5027-5046 (H01). Von ihrem Plan, für den fahrerlosen Betrieb dreiteilige Triebzüge zu beschaffen, ist die BVG wieder abgerückt.

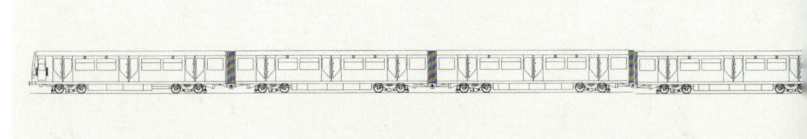 Der in Aluminium-Integralbauweise erstellte Wagenkasten ist als „leere Röhre" ausgeführt, d. h. die Geräte sind nach Möglichkeit im Dach-, Führerstands- und Untergestellbereich untergebracht. Während die Wagenlänge über Stirnwand der Mittelwagen 15,65 m beträgt, sind es 15,80 m bei den Endwagen. Bei Einführung des automatischen Betriebes könnte der Führerstand ausgebaut werden.

Die schwarz eingefaßten Glasscheiben im Frontbereich sind weit nach unten herabgezogen. Zusammen mit den trapezförmigen Leuchteinheiten verleihen sie den Fahrzeugen ein unverwechselbares Gesicht. Pro Wagenseite sind drei elektrisch angetriebene, doppelte Außenschwenkschiebetüren vorgesehen. Die mit Faltenbälgen verkleideten Übergänge sind kaum eingezogen. Sie sollen die Fahrgastverteilung optimieren, das Sicherheitsgefühl der Fahrgäste stärken und eine großzügige Innenraumatmosphäre schaffen. Erstmals seit 40 Jahren wurden wieder ausschließlich Längssitze eingebaut. Teilweise sind sie als Klappsitze ausgeführt.

Die neuentwickelten Drehgestelle zeichnen sich durch eine Reduzierung der unabgefederten Massen und eine geringe Geräuschentwicklung im Rad-/Schienebereich aus. Durch die sekundäre Luftfederung wird der Fahrkomfort erheblich verbessert. Das dreistufige Energieverzehrsystem minimiert Stöße und Schwingungen zwischen den Einzelwagen.

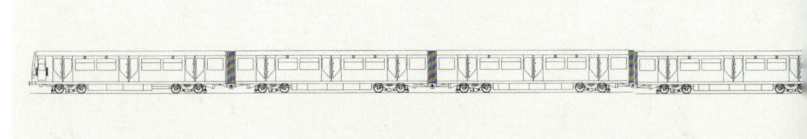

Die von Adtranz entwickelte E-Ausrüstung ist bereits für automatischen Betrieb ausgelegt. 24 querliegende Drehstromasynchronmotoren mit stromgeführtem Umrichtersystem sind vorgesehen. Jeweils acht Drehstrommotoren werden von einem wassergekühlten Stromrichter, bestehend aus GTO-Gleichstromstellern inklusive Bremssteller und Kommutierungskondensatoren, gespeist. Für die gesamte Fahrzeugsteuerung sind zwei zentrale Zug- und Fahrzeugsteuergeräte in 32-Bit-Technik verantwortlich. Die Kommunikation mit den Subsystemen erfolgt über je einen seriellen Fahrzeugbus. Drei Drehstrombordnetzumrichter sind vorgesehen. Neben der Nutz- und Widerstandsbremse sind die elektropneumatische Bremse sowie pro Drehgestell eine Federspeicherbremse vorhanden.

Technische Daten*

Radsatzfolge	
Bo'Bo'+Bo'Bo'+Bo'Bo'+Bo'Bo'+Bo'Bo'+Bo'Bo'	
Länge ü.K.	98,74 m
Breite	2,65 m
Radstand im Drehgestell	1,80 m
Drehgestellmittenabstand	9,50 m
Eigenmasse	138,5 t
Sitzplätze	208
Motorleistung	24 x 90 kW (750 V =)
Baujahre	1997

*) Serie H97

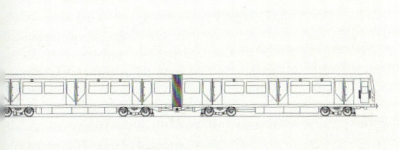

Die Frankfurter Stadtbahn

1961 beschloß Frankfurt (Main), eine als „Stadtbahn" bezeichnete Unterpflasterbahn zu bauen. Schrittweise sollte das Straßenbahnnetz zu einem U-Bahn-System ausgebaut werden. Die Strecken wurden für 2,65 Meter breite Fahrzeuge mit Stromabnahme über Oberleitung (750 V Gleichspannung) ausgelegt.

Der erste Abschnitt der A-Strecke ging am 4. Oktober 1968 zwischen der Hauptwache und der Nordweststadt (heute Nordwestzentrum) in Betrieb. Nur an den Endpunkten verlief die Strecke im Tunnel. Wegen des anfänglichen Mischbetriebes mit Straßenbahnwagen wurden die Bahnsteige nur 560 cm statt 870 mm hoch ausgeführt. 1973 wurde der innerstädtische Tunnelabschnitt zum Theaterplatz, 1984 zum Südbahnhof verlängert (heutige Linie U1).

In den Jahren 1971 bzw. 1978 wurden die oberirdischen Zweigstrecken nach Bad Homburg-Gonzenheim bzw. Oberursel/Hohemark stadtbahnmäßig ausgebaut (heutige Linien U2, U3). Auf der Linie U3 nach Oberursel waren die Bahnsteige zwei Jahrzehnte lang nur 320 mm hoch, da dort bis 1983 Güterzüge verkehrten. 1999 begann man damit, die Niedrigbahnsteige anzuheben.

Die B-Strecke (870 mm hohe Bahnsteige) wurde 1974 mit dem Tunnelabschnitt Theaterplatz – Scheffeleck eröffnet. Bis 1980 wurde sie unterirdisch zum Hbf bzw. oberirdisch zur Seckbacher Landstraße und nach Preungesheim ausgedehnt (heutige Linien U4 bzw. U5). Zunächst wurde

die B-Strecke als U-Straßenbahn mit 2,35 m breiten Straßenbahnwagen des Typs Pt betrieben.

Mit der U4 (Hauptbahnhof – Seckbacher Landstraße) wurde 1980 die erste echte U-Bahn-Linie Frankfurts in Betrieb genommen. Eingesetzt wurden nun die 2,65 m breiten Fahrzeuge des Wagentyps U3. Es ist geplant, auf der Linie U4 einen fahrerlosen Betrieb einzurichten.

Auf der Linie U5 laufen 2,35 m breite Straßenbahnfahrzeuge des Typs Ptb, die mit Ausgleichswülsten versehen sind, um den unterirdischen Abschnitt Hbf – Konstablerwache mitbenutzen zu können.

Im Jahr 1986 wurde die C-Strecke zwischen Zoo und Hausen bzw. Heerstraße in Betrieb genommen. Sie wurde zunächst als U-Straßenbahn mit 2,35 m breiten Pt-Wagen betrieben. 1992 wurde die Linie U7 im Osten nach Enkheim verlängert, im Mai 1999 kam für die Linie U6 ein unterirdischer Abschnitt zum Ostbahnhof hinzu. Im September 1998 wurden die beiden Linien U6 und U7 auf 2,65 m breite Fahrzeuge umgestellt (U6 auf Typ Ptb, U7 auf Typ U2e).

Von der einst vorgesehenen D-Strecke soll nur der nördliche Abschnitt als Ver-

In Ginnheim begegnen sich die Züge der Stadtbahnlinie U1 (links) und der Straßenbahnlinie 16 (rechts). Die Stadtbahnlinie U4 soll vom Hauptbahnhof über Bockenheimer Warte nach Ginnheim verlängert und dort mit der U1 verknüpft werden

längerung von der B-Strecke schrittweise realisiert werden, beginnend 2001 mit dem Abschnitt Hauptbahnhof – Bockenheimer Warte. In Ginnheim soll die Linie später mit der A-Strecke (heutige Linie U1) verknüpft werden. Die Linie U4 soll dann von der Seckbacher Landstraße nach Nieder Eschbach fahren, die U1 nur noch zwischen Südbahnhof und Heddernheim. Erwogen wird außerdem der Bau einer 3 km langen Verlängerung von Bad Homburg-Gonzenheim nach Bad Homburg, die 2008 in Betrieb gehen könnte. Früher fuhr auf diesem Abschnitt die Straßenbahn.

Die Streckenlänge der sieben Stadtbahnlinien (U-Bahn- und U-Straßenbahn-Linien) wuchs zum 1.1.2000 auf 56,95 km. Im Jahr 1999 wurden 90,6 Mio. Fahrgäste befördert.

Für die im Untergrund nach U-Bahn-Standard trassierte Frankfurter Stadt-bahn wurde ein sechsachsiger Stadtbahnwagen entwickelt. Mit seiner Wa-genbreite von 2,65 m kann er auch auf Straßenbahnstrecken gemäß BO-Strab eingesetzt werden.

Die Stadtbahnwagen des Typs U2 er-hielten als Verbesserung gegenüber dem Prototyp U1 vergrößerte Fahrer-kabinen und neugestaltete, zweifenstri-ge Fronten. Auf Klapptrittstufen wurde verzichtet. Die Tw 303-332 wurden von der DÜWAG gefertigt, die Tw 333-399 und 400-406 von DÜWAG und Weg-mann. Der Typ U2 wurde von zahlrei-chen nordamerikanischen Stadtbah-nen nachbestellt.

Der Wagenkasten des Zweirich-tungsfahrzeuges ist in geschweiß-ter Stahlleichtbauweise gefertigt. Dach und Seitenwandgerippe aus ver-schweißten Walz- und Kantprofilen bil-den zusammen mit Beblechung und Untergestell eine selbsttragende Röhre. Die Wagenköpfe wurden in GFK-Sandwichbauweise gefertigt, um die Eigenmasse zu senken und Unfall-schäden schnell beheben zu können. An den Wagenenden sind Triebdrehge-stelle in geschweißter Hohlträgerkon-struktion vorgesehen; unter dem Mittel-gelenk befindet sich ein Jakobslauf-drehgestell. Pro Wagenseite sind vier elektromechanisch angetriebene DÜWAG-Falttüren von 1300 mm lichter Weite eingebaut. Die Fußbodenhöhe beträgt 970 mm; die Fahrzeuge sind für den Betrieb an 870 mm hohen Bahn-steigen ausgelegt. Wegen der nur 320 mm hohen Bahnsteige zwischen Zeil-weg und Hohemark wurden alle U2-Wagen mit zwei festen Trittstufen (680/290 mm) ausgestattet. Bei den Triebwagen 366-399 wurden die Tritt-stufen für den Einsatz auf der mit Hoch-bahnsteigen versehenen Linie U7 aus-gebaut (= Typ U2e). Bei den restlichen Triebwagen entfällt zunächst eine Tritt-stufe (= Typ U2h, Umbau 1999/2000),

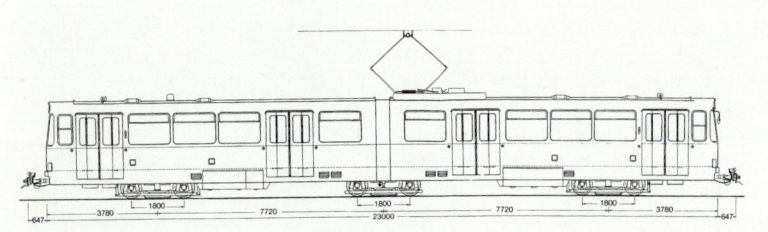

da inzwischen auch 800 mm hohe Bahnsteige verwendet werden. Nach Wegfall der 560 mm hohen Bahnsteige kann auch die restliche Trittstufe ausgebaut werden. Der Innenraum einschließlich des Gelenkbereiches ist mit GFK verkleidet. Die gepolsterten Quersitze mit Kunstlederbezügen sind in Abteilform angeordnet. Zwischenwände mit Durchgangstür trennen die Fahrerkabinen vom Innenraum vollständig ab.

Pro Triebdrehgestell treibt ein längsliegender AEG-Reihenschlußmotor beide Achsen an. Auf dem A-Teil ist in Gelenknähe ein konventioneller Scheren- bzw. Einholmstromabnehmer montiert. Neben der generatorischen Bremse sind pro Triebdrehgestell eine Federspeicher-Scheibenbremse sowie an allen Achsen Magnetschienenbremsen vorhanden. Eine halbautomatische, elektronische SIMATIC-Steuerung von Siemens re-

gelt Fahren und Bremsen und ermöglicht die Zugsteuerung von bis zu vier U2-Wagen. Das elektromotorisch angetriebene Schaltwerk mit Doppelnockenschaltern bietet 20 Fahr- und 17 Bremsstufen. Die Höchstgeschwindigkeit beträgt 80 km/h. Zur Stromersparnis werden die U2-Triebwagen nun nachträglich mit elektronischen SIBAS-Fahr-/Bremssteuerungen ausgerüstet.

Technische Daten*

Radsatzfolge	B'2'B'
Länge	23,00 m
Breite	2,65 m
Radstand im Drehgestell	1,80 m
Drehgestellmittenabstand	7,72 m
Eigenmasse	29,5 t
Sitzplätze	64
Motorleistung	2 x 150 kW (600 V=)
Baujahre	1968, 70/71, 75/76, 77/78, 84/85*)

*) in Reihenfolge 303-332, 333-347, 348-367, 368-399, 400-406

Für die ausschließlich im Tunnel verlaufende Stadtbahnlinie U4 zwischen Frankfurt Hbf und Seckbacher Landstraße wurde eine überarbeitete Version des Zweirichtungstyps U2 ohne Trittstufen bestellt.

Die U3-Wagen mit den Nr. 451-477 wurden wiederum von DÜWAG und Wegmann gefertigt. Sowohl konstruktiv wie äußerlich unterscheiden sie sich beträchtlich vom Vorläufertyp U2 (siehe S. 44).

Die Wagenlänge wurde von 23,00 m auf 24,49 m verlängert. Dadurch konnten die Sitzteiler von 1510 mm auf 1650 mm vergrößert werden. Die Wagenköpfe sind nicht mehr aus GFK, sondern aus Stahl hergestellt, da die Linie U4 keine unfallträchtigen Kreuzungen mit dem Individualverkehr aufweist. Die zweigeteilte Stirnscheibe wurde durch eine einteilige ersetzt, die in den Dachbereich hochgezogen wurde. Anstelle der separaten Nummern-/Zielkästen ist die Rollbandbe-schilderung nun hinter der Stirnscheibe angebracht. Der Wegfall von Trittstufen und Trittkästen ermöglichte es, die erste bzw. letzte Doppeltür zur Fahrzeugmitte und entsprechend die erste Sitzgruppe zu den Wagenenden hin zu verlegen. Dadurch wird die Fahrgastverteilung verbessert. Außerdem wurden die beiden Triebdrehgestelle zu den Wagenenden gerückt, wodurch sich die Laufeigenschaften verbessern. Der Radsatzabstand in den Trieb- und Laufdrehgestellen wurde von 1,80 auf 1,90 m erweitert. Diese Maßnahme steigert ebenfalls die Laufgüte und schafft günstigere Bedingungen für den Einbau von Fahrmotor, Getriebe und Bremsen.

Die elektronische SIMATIC-Schaltwerksteuerung wurde

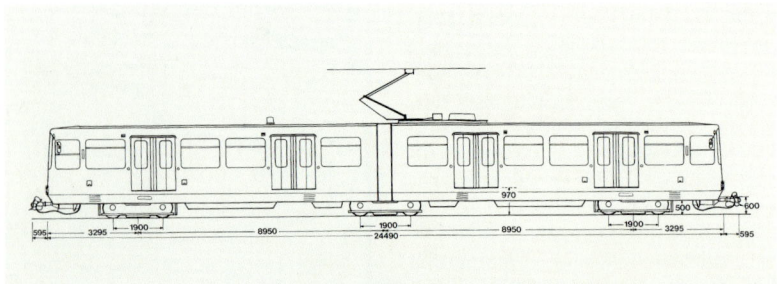

durch eine verlustarme Thyristor-Gleichstromstellersteuerung von Siemens ersetzt, die eine Rückspeisung von Bremsenergie ins Fahrleitungsnetz ermöglicht. Pro Fahrmotor ist ein luftgekühlter AEG-Telefunken-Gleichstromsteller und ein Umschalter vorhanden. Der größte Teil der Schaltgeräte ist auf beiden Wagenseiten in Gerätewannen bzw. unter dem Wagenboden angebracht. Unverändert übernommen wurden die bewährten längsliegenden AEG-Reihenschlußmotoren, die über zwei Getriebe beide Achsen in einem Drehgestell antreiben (DÜWAG-Tandemantrieb). Die Motorleistung wurde von 2 x 150 auf 2 x 174 kW gesteigert. Die Widerstands-/Nutzbremse wird von einer zweistufigen Fe-

derspeicher-Scheibenbremse als Anhalte- und Ersatzbremse ergänzt. Das Laufdrehgestell wird über Solenoid mitgebremst. Als Zusatzbremse sind Magnetschienenbremsen eingebaut.

Technische Daten

Radsatzfolge	B'2'B'
Länge	24,49 m
Breite	2,65 m
Radstand im Drehgestell	1,90 m
Drehgestellmittenabstand	8,95 m
Eigenmasse	36,0 t
Sitzplätze	64
Motorleistung	2 x 174 kW (600 V=)
Baujahre	1979/80

Die jüngste Fahrzeugserie der Stadtbahn Frankfurt (Main) wurde aus dem Typ U3 entwickelt. Der sechsachsige Zweirichtungswagen für Betrieb an Hochbahnsteigen zeichnet sich durch den Drehstromantrieb, die mikroprozessorgesteuerte Antriebssteuerung und die Luftfederung aus.

In den Jahren 1994-99 wurden die U4-Triebwagen 501-539 vom nunmehr alleinigen Hersteller DUEWAG ausgeliefert. Sie führten die neue türkisblau/graue Lackierung der Stadtwerke ein. In Frankfurt (Main) wurden sie anfänglich auch als Typ „U3-2000" bezeichnet.

Der Wagenkasten ist in Nirosta-Stahl-Leichtbauweise erstellt. Drehgestell-, Tür- und Sitzplatzanordnung entsprechen dem Typ U3 (siehe S. 46). Die Primärfederung erfolgt über Megiachsfedern, die Sekundärfederung über Luftfederbälge in Verbindung mit Gummi-Zusatzfedern; parallel dazu sind Hydraulikdämpfer eingebaut. Die Luftfederung regelt den Niveauausgleich zwischen Einstieg und Bahnsteig. Die Seitenfenster sind nun rahmenlos in die Seitenwände eingeklebt. Anstelle der DÜWAG-Falttüren sind elektromechanisch betätigte Schwenkschiebetüren mit einer lichten Weite von 1300 mm vorgesehen. Die Türfenster erstrecken sich nun auch auf den unteren Wagenbereich. Die Frontscheibe ist breiter, tiefer heruntergezogen und stärker gekrümmt als beim Typ U3. Anstelle der Rollbandbeschilderung wurde eine Matrixanzeige eingebaut.

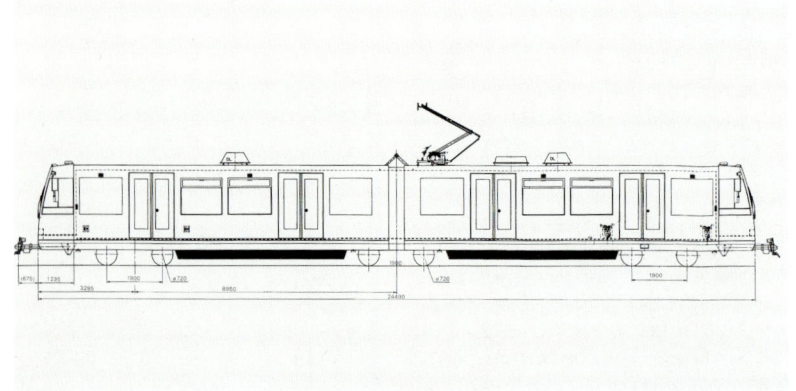

Neu gestaltet wurden auch die beiden Scheinwerfergruppen. Im Innenraum wurde auf eine helle und freundliche Atmosphäre Wert gelegt. Alle Trennwände, auch zwischen Fahrgast- und Fahrerraum, bestehen aus Glas. An den Türen befinden sich Sprechgeräte für einen direkten Kontakt mit dem Fahrer. Der Führerstand wurde nach modernsten ergonomischen Erkenntnissen gestaltet.

Pro Triebdrehgestell sind zwei querliegende Drehstrom-Asynchronmotoren eingebaut, denen zwei GTO-Pulswechselrichter zugeordnet sind. Die SIBAS-16-Steuerung von Siemens in Mikroprozessortechnik regelt Fahren und Bremsen; ihr obliegt die zentrale Fahrzeugsteuerung und Diagnose. Moderne Bus-Leittechnik kommt zur Anwendung. Das Fahrzeuginformationssystem ist IBIS-gesteuert.

Technische Daten

Radsatzfolge	Bo'2'Bo'
Länge	24,49 m
Breite	2,65 m
Radstand im Drehgestell	1,90 m
Drehgestellmittenabstand	8,95 m
Eigenmasse	37,40 t
Sitzplätze	63
Motorleistung	4 x 130 kW (600 V=)
Baujahre	1994-98

Die Hamburger Hoch- und Untergrundbahn

Das Streckennetz der Hamburger Hoch- und Untergrundbahn verläuft fast zur Hälfte oberirdisch, so auch die Paradestrecke entlang des Hafens. Erst im Jahr 1936 wurde die Bezeichnung „Untergrundbahn" nach dem Vorbild Berlins eingeführt.

Zwischen 1. März und 29. Juni 1912 nahm die Hamburger Hochbahn AG (HHA) die Ringlinie Rathausmarkt – Barmbek – St. Pauli – Rathausmarkt in Betrieb. Nur die Abschnitte Rathaus – Berliner Tor, Landungsbrücken – Schlump sowie ein kurzer Abschnitt bei der Station Lübecker Straße wurden als Tunnelstrecke ausgeführt. Auch die 1914/15 eröffneten Zweigstrecken Kellinghausenstraße – Ohlsdorf und Hauptbahnhof – Rothenburgsort konnten oberirdisch geführt werden. Hingegen wurde die 1913/14 eröffnete Zweigstrecke Schlump – Hellkamp im Tunnel angelegt.

Als Vorbild diente die Berliner Hoch- und Untergrundbahn. Die Stromspannung von 750 V Gleichspannung ist identisch, die von unten bestrichene Stromschiene entspricht dem Berliner Großprofil-Betriebszweig. Das Tunnelprofil liegt zwischen dem Berliner Klein- und Großprofil. Wegen der engen Kurven sind die Abmessungen der Fahrzeuge stark eingeschränkt. 1918 wurde die HHA mit der Strassen-Eisenbahn-Gesellschaft (SEG) vereinigt und übernahm auch die Alsterschiffahrt.

Da der Hamburger Staat seine ländlichen Besitzungen für die Besiedlung erschließen wollte, benutzte er dafür – mangels Interesse der preußischen Staatsbahn – seine eigene U-Bahn. Einzigartig in Deutschland entstanden so U-Bahn-Strecken in ländlich geprägte Gebiete. 1920/21 wurden die Strecken Barmbek – Großhansdorf und Ohlsdorf – Ochsenzoll eröffnet, 1925 folgte der Ast Volksdorf - Ohlstedt. Die Streckenlänge betrug nun 28,01 km (Tunnelanteil 6,92 km). Die Ochsenzoller Linie wurde 1929/31 im Stadtgebiet auf einer neuen Tunnelstrecke von der Kellinghausenstraße über den Stephansplatz zum Jungfernstieg geführt (heutige Linie U1). Die als Hochbahn ausgeführte Zweiglinie nach Rothenburgsort wurde 1943 wegen Kriegsschäden eingestellt und nach 1945 mangels Bedarf nicht mehr instandgesetzt.

Zwischen 1960 und 1963 wurde die U1 vom Jungfernstieg nach Wandsbek/Gartenstadt verlängert. Eigentlich wollte die HHA das Netz von drei Linien und 68 km Streckenlänge (1955) auf 142 km und sieben Linien ausdehnen. Doch erwiesen sich diese Pläne als nicht finanzierbar. Wegen des Marschbodens ist der Tunnelbau in Hamburg aufwendiger als in anderen Städten. 1974 wurde die Einstellung des U-Bahn-Ausbaues nach der Finanzkrise beschlossen. Denn der

Hamburgs Paradestrecke ist die Hochbahn zwischen Rödingsmarkt und Landungsbrücken. Ein DT4 fährt Richtung Jungfernstieg

Stadtstaat Hamburg muß umfangreiche Mittel in den Länderfinanzausgleich abführen und ist folglich relativ arm. Zu bedenken ist auch, daß wegen der Bodenbeschaffenheit die teure bergmännische Bauweise angewendet werden muß. Lediglich einige Verlängerungen wurden noch eröffnet: 1985 Hellkamp – Niendorf-Nord, 1990 Berliner Tor – Mümmelmannsberg, 1996 Garstedt – Norderstedt Mitte. Das ursprüngliche Ziel, mit der U-Bahn das Straßenbahnnetz zu ersetzen, wurde nicht erreicht. Wichtige Bereiche des Stadtkerns befinden sich nicht im Einzugsbereich von Schnellbahnstationen, ebenso wird der gesamte Westen nicht von der U-Bahn erschlossen.

Heute werden die Linien U1 (Garstedt – Ohlstedt bzw. Großhansdorf), U2 (Niendorf-Nord – Wandsbek-Gartenstadt) und U3 (Barmbek – Mümmelmannsberg) betrieben. Die heutige betriebliche Streckenlänge beträgt 101 km. Ca. 170 Mio. Fahrgäste werden jährlich befördert.

Doppeltriebwagen DT 2.1-E, DT 2.2-E

Als besonders leicht gebaute Sechsachser mit nicht angetriebenen Mittelachsen weisen die DT 2 gegenüber den allachsgetriebenen, achtachsigen DT 1 eine stark reduzierte Eigenmasse auf. Die Unterbauarten DT 2.1/2.2 wurden grundinstandgesetzt (= DT 2.1-E/2.2-E) und behielten die Fronten.

Die nur für Werkstattfahrten trennbare Doppeltriebwagen wurden von LHB entwickelt und zeichneten sich gegenüber dem DT 1 durch Leichtbauweise, ein neu entwickeltes Design, zwei statt drei Doppeltüren pro Einzelwagen, unlackierte Seitenwände, die pedal- statt handbediente Steuerung und den Wegfall der Druckluftbremse aus. Vier Doppeltriebwagen bilden einen 114 m langen Vollzug. Im Oktober 2000 waren noch 19 DT 2.1-E bzw. DT 2.2-E im Einsatz (604...648). Alle DT 2.3 bzw. DT 2.3-E wurden 1993/94 außer Dienst gestellt. Die DT 2.4 und DT 2.5 wurden stärker modernisiert und erhielten neue Fronten (siehe S. 54).

Der sechsachsige Doppeltriebwagen besteht aus zwei fest gekuppelten Einzelwagen. In der Mitte sind keine Übergänge vorgesehen. Die beiden Wagenkästen stützen sich über

Gleitplanken auf einem mittleren Laufgestell ab. Die Wagenkastendrehpunkte liegen außerhalb der Radaufstandspunkte. Das Laufgestell besteht aus zwei miteinander verschraubten Einzelachsen. Der Wagenkasten ist als selbsttragende Röhre in geschweißter Leichtbaukonstruktion ausgeführt. Bei der Unterbauart DT 2.1 beträgt die Länge des Einzelwagens 13,39 m, beim DT 2.2 13,81 m. Die Außenhaut besteht an den Seiten und im Dachvoutenbereich aus Nirostablechen, im Stirnwandbereich aus Stahlblech. Unterhalb der Fenster sind die Seitenwände gesickt. Fronten und Türen sind in Orange gehalten. Pro Einzelwagen sind zwei elektropneumatisch angetriebene, außenlaufende Doppelschiebetüren eingebaut. Die abgetrennten Führerstände verfügen über eine Zugangstür vom Fahrgastraum. Die Fahrgäste sitzen auf Polyesterschalensitzen in Ab-

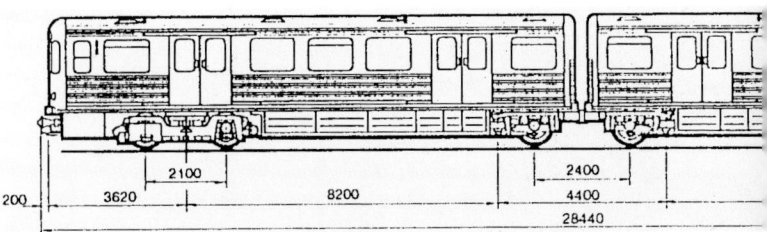

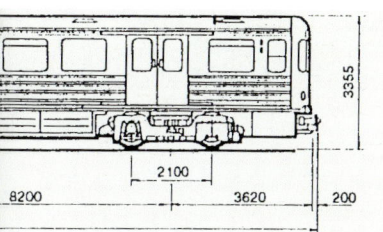

teilform (2+2). Zahlreiche Vertreter der Unterbauarten DT 2.1 und 2.2 wurden ab 1986 grundinstandgesetzt, um für weitere zehn Jahre im Einsatz zu bleiben.

Jeder Einzelwagen verfügt an der Stirnseite über ein vollgeschweißtes Triebdrehgestell mit zwei massensparenden Hohlwellenmotoren der Firma Kiepe. Die Fahrzeuge sind mit einem programmierbaren Steuerschaltwerk und einer vollelektronischen Starkstrom-Schützensteuerung aus-

gerüstet. Vier Geschwindigkeiten können als Dauerfahrstufen vorgewählt werden. Das ausschließlich elektrische Bremssystem war neu entwickelt: selbsterregte Widerstandsbremse als Hauptbremse sowie elektromagnetische Federspeicher-Scheibenbremse (Triebdrehgestell) bzw. Solenoid-Scheibenbremse (Laufgestell).

Technische Daten*

Radsatzfolge	Bo'1'1'Bo'
Länge	27,14; 27,98 m
Breite	2,51 m
Radstand (Triebdrehgestell)	2,10 m
Radstand (Laufgestell)	2,40 m
Eigenmasse	34,0; 34,3 t
Sitzplätze	82
Motorleistung	4 x 80 kW (750 V=)
Baujahre	1962/63; 62 (84-87; 84-87, 90-92)

*in Reihenfolge DT 2.1-E; DT 2.2-E

3355

2100

8200   3620   200

Die in den Jahren von 1986 bis 1992 grundlegend modernisierten Doppeltriebwagen DT 2.4-E und DT 2.5-E fallen äußerlich durch die neuen Stirnfronten mit einteiligem Fenster anstelle der bisherigen drei Fenster auf. Ihre Lebensdauer erhöhte sich durch die Modernisierung um weitere 20 Jahre.

Als letzte Vertreter des Typs DT 2 wurden die Doppeltriebwagen der Unterbauarten DT 2.4 und DT 2.5 in den Jahren 1964-66 von LHB geliefert. Sie tragen die Wagennummern 671-746 bzw. 751-791.

In verschiedenen Details unterscheiden sie sich von den DT 2.1-2.3. Zwischen 1986 und 1992 wurden fast alle DT 2.4/2.5 grundlegend ertüchtigt und erhielten die neue Bezeichnung DT 2.4-E bzw. DT 2.5-E. Die Fahrzeuge sollen noch bis zum Jahr 2004 eingesetzt werden.

Im Unterschied zur Unterbauart DT 2.1/2.2 (siehe S. 52) ist bei der Unterbauart DT 2.4/2.5 zwischen den beiden Einzelwagen kein Laufgestell, sondern ein Laufdrehgestell mit außerhalb liegenden Drehpunkten angeordnet. Außerdem sind die Kunststoffsitze gepolstert. Die Lebensdauer der Fahrzeuge war ursprünglich auf 25 Jahre angelegt.

Durch die grundlegende Modernisierung konnte sie um weitere 20 Jahre verlängert werden. Dabei wurden folgende Veränderungen vorgenommen: Erneuerung des Wagenkastengerippes, Ersatz der Stirnfronten aus Stahlblech durch neue, kantige Stirnfronten aus Nirosta-Stahl mit einteiligem, großem Frontfenster, Einbau von

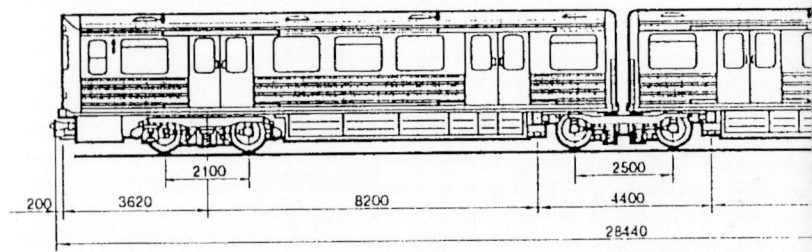

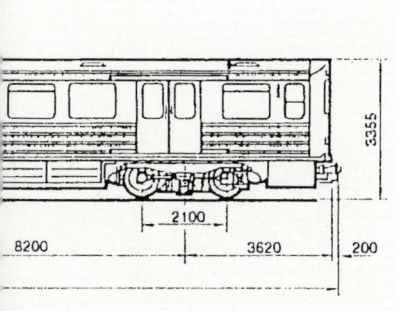

brandhemmenden Sitzen und Lampenabdeckungen. Auch wurde die Farbgestaltung im Innenraum verändert. Die DT 2.5 sind darüber hinaus mit einer mikroprozessorgesteuerten Schleuder-Gleitschutzanlage ausgerüstet worden. Im Bereich der elektrischen Ausrüstung erfolgte keine Modernisierung.

Technische Daten*

Radsatzfolge	Bo'2'Bo'
Länge	27,98; 27,98 m
Breite	2,51; 2,51 m
Radstand (Triebdrehgestell)	2,10 m
Radstand (Laufdrehgestell)	2,50 m
Eigenmasse	36,1; 35,6 t
Sitzplätze	82
Motorleistung	4 x 80 kW (750 V=)
Baujahre	1964-66; 66

(in Reihenfolge DT 2.4-E; DT 2.5-E)

Dreiteiliger Triebzug DT 3

Der dreiteilige DT 3 lehnt sich an die Baugruppen des DT 2 an. Drei Dreiteiler bilden einen über Kupplung 118,5 m langen Vollzug und entsprechen vier Zweiteilern. Sie waren so konzipiert, daß sie auch im Mischbetrieb mit zweiteiligen DT 1 eingesetzt werden konnten.

Die von LHB entwickelte DT 3 ähnelt äußerlich dem DT 2 (siehe S. 52) und baut auf dessen Baugruppen auf. Durch die Dreiteiligkeit konnten eine komplette Fahrzeugausrüstung und zwei Führerstände eingespart werden. Aufgrund des Allachsantriebes weist der DT 3 eine verbesserte Beschleunigung (1,2 statt 0,8 m/s²) und Höchstgeschwindigkeit (80 statt 70 km/h) aus. Für die Versuche mit automatischem Fahrbetrieb auf der Großhansdorfer Strecke erhielten 1980/81 die heutigen Nr. 921-926 Einrichtungen für Linienzugbeeinflussung (Bauart DT 3-LZB, einteiliges Stirnfenster). Seit 1985 werden sie wieder im Normalbetrieb eingesetzt. Die DT 3 wurden ab 1995 grundlegend modernisiert und äußerlich verändert (siehe S. 58). Sie tragen heute die Nummern 801...926. Die Ausmusterung der nicht modernisierten DT 3 begann 1995. Im Oktober 2000 waren noch vier nicht modernisierte DT 3 vorhanden. Die sechs DT 3-LZB erhielten 1995 nur eine Teilmodernisierung.

Die beiden 13,81 m langen Endwagen entsprechen denen der Bauart DT 2. Der neu konstruierte Mittelwagen ist 10,72 m lang. Ein DT 3-Vollzug bietet im Vergleich zum DT 2-Vollzug 70 zusätzliche Plätze, da die Bahnsteiglängen besser ausgenutzt werden. Der Sitzplatzanteil ist allerdings niedriger, da 2+1- statt 2+2-Abteilquersitze eingebaut sind. Die Wagenkastenkonstruktion entspricht dem Typ DT 2. Bei einer Gesamtlänge von 39,06 m pro Einheit konnten keine Jakobsdrehgestelle zur Anwendung kommen. Die Wagenkästen stützen sich auf die mittleren Triebdrehgestelle über Gleitplatten. Die Drehpunkte liegen weit außerhalb und sind über Kupplungsrohre und elastisch gelagerte Drehzapfen miteinander verbunden.

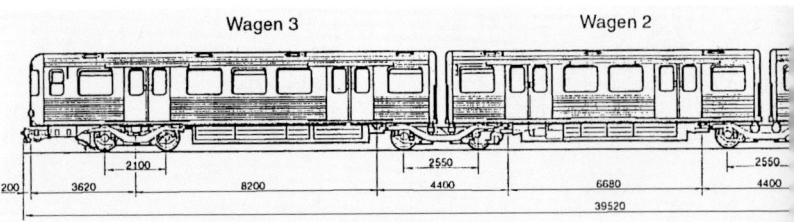

Wagen 3 — Wagen 2

200 3620 2100 8200 2550 4400 6680 2550 4400
39520

Die wiederum von Kiepe gelieferte elektrische Ausrüstung des DT 3 wurde neu entwickelt und ist mit derjenigen des Typs DT 1 kompatibel. Die pedalgesteuerten Triebwagen sind mit einem Starkstrom-Nockenschaltwerk ausgerüstet. Es weist 15 Serien-, sechs Parallel- und drei Feldschwächstufen auf. Ein elektronischer Schaltwerksregler übernimmt die Fahr- und Bremssteuerung. Als Hauptbremse dient die wiederum fremderregte Widerstandsbremse. Als Zusatzbremse ist eine Federspeicher-Scheibenbremse vorhanden, die im Unterschied zum DT 2 mit Druckluft bedient wird. Die Hohlwellen-Motoren entsprechen denjenigen der Bauart DT 2. Alle Triebwagen sind mit einer mikroprozessorgesteuerten Schleuder-Gleitschutzanlage ausgerüstet.

Wagen 1

3350

2100

8200   3620   200

Technische Daten*

Radsatzfolge	Bo'Bo'Bo'Bo'
Länge	39,06; 39,06 m
Breite	2,48; 2,48 m
Radst. (Endtriebdrehgestell)	2,10; 2,10 m
Radst. (Mitteltriebdrehgestell)	2,55; 2,55 m
Eigenmasse	47,12; 48,03 t
Sitzplätze	92; 90
Motorleistung	8 x 80 kW (750 V=)
Baujahre	1968-71; 1971 (81)

(in Reihenfolge DT 3; DT 3·LZB)

Dreiteiliger Triebzug DT 3-E

Die meisten DT 3-Triebwagen wurden ab 1994 grundlegend modernisiert. Dabei erhielten sie neue Fronten aus Kunststoff mit schief gestellter, einteiliger Stirnscheibe. Äußerlich wurden sie damit an die Neubaufahrzeuge des Typs DT 4 angeglichen.

Das Ertüchtigungsprogramm begann 1994 und wird gegen Jahresende 2000 abgeschlossen sein. Die Umbaumaßnahmen waren vor allem deshalb nötig, weil die tragenden Teile von Rost befallen waren. Die aufgearbeiteten Fahrzeuge erhielten die neue Bauartbezeichnung DT 3-E (für Ertüchtigung). Pro Triebwagen kostete die Modernisierung DM 500 000. Die Einsatzdauer konnte dadurch bis zum Jahr 2015 verlängert werden. Mit den neu gestalteten Fronten wurden die Triebwagen der Bauart DT 3-E äußer-

lich an die DT 4-Neubaufahrzeuge angeglichen (siehe S. 60).

Das Modernisierungsprogramm umfaßte folgende Veränderungen: Ersatz der korridierten Nirosta-Stirnwände durch neuentwickelte Stirnwände aus Polyester, Einbau neuer Zugzielanzeiger und großer Stirnlampen, neue Farbgestaltung des Fahrer- und Fahrgastraumes, Einbau brandresistenter Innenwände aus Aluminium sowie Einbau von Scheiben in die Rück- und Fahrerraumtrennwän-

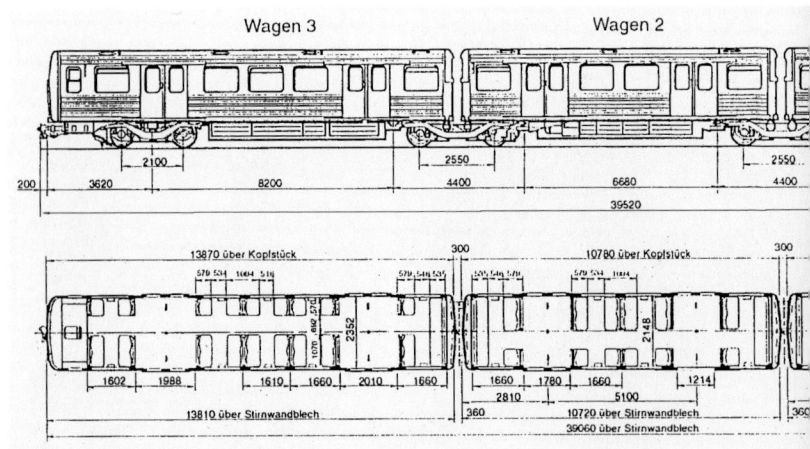

Barmbek
HHA
848-1

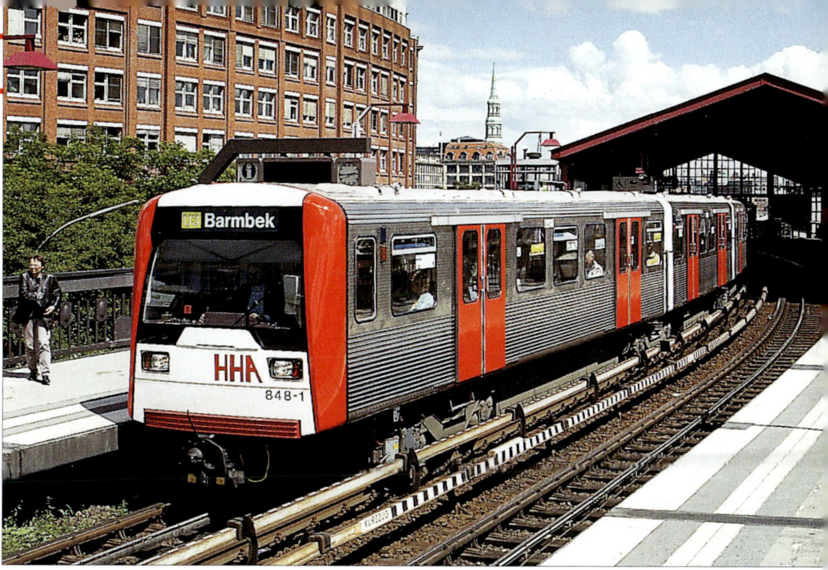

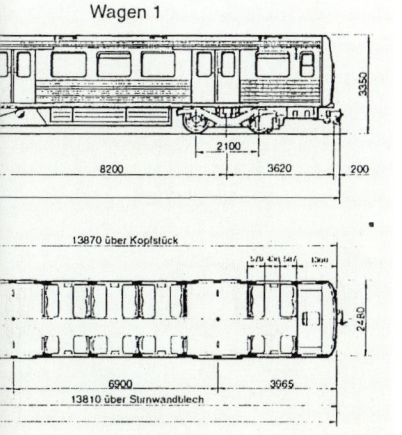

de, um das subjektive Sicherheitsgefühl für die Fahrgäste zu verstärken. Die elektrische Ausrüstung wurde unverändert belassen.

Wagen 1
3350
2100
8200
3620
200
13870 über Kopfstück
2480
6900
3965
13810 über Stirnwandblech

Technische Daten

Radsatzfolge	Bo'Bo'Bo'Bo'
Länge	39,06 m
Breite	2,48 m
Radst. (Endtriebdrehgestell)	2,10; 2,10 m
Radst. (Mitteltriebdrehgestell)	2,55; 2,55 m
Eigenmasse	47,12 t
Sitzplätze	92
Motorleistung	8 x 80 kW (750 V=)
Baujahre	1968-71 (1994-2000)

Vierteiliger Triebzug DT 4

Mit den vierteiligen U-Bahn-Zügen der dritten Generation ging die HHA erneut zu größeren Wageneinheiten über. Zwei DT 4-Einheiten entsprechen drei dreiteiligen DT 3-Einheiten. Das Fassungsvermögen wurde auf 320 gegenüber 276 Plätzen gesteigert.

Der von LHB und ABB (heute Adtranz) entwickelte Triebzug zeichnet sich durch sein modernes Design, die breiten Einstiege und die neue Drehstromantriebstechnik aus. Sie gelten als derzeit leiseste U-Bahn-Wagen. Die Unterbauarten DT4.1 (Nr. 101-130), DT 4.2 (131-152), DT 4.3 (152-171) und DT 4.4 (Nr. 172-186) unterscheiden sich geringfügig.

Der vierteilige Triebzug besteht aus zwei Endwagen mit je einem Führerstand und zwei Mittelwagen von einheitlich 14,5 m Länge. Die Verlängerung der Wagenkästen wurde durch die Verjüngung der Wagenenden ermöglicht. Ein End- und ein Mittelwagen bilden einen „Halbzug". Dessen Einzelwagen sind über ein mittleres, nicht angetriebenes Jakobsdrehgestell verbunden. Die beiden Halbzüge sind kurzgekuppelt. Nur für Werkstattfahrten können die Einzelwagen getrennt werden. Zur besseren Ausnutzung des

Lichtraumprofils stützen sich die beiden Wagenkastenhälften in der Mitte der Laufdrehgestelle auf Gleitplatten ab. Die Drehpunkte befinden sich außerhalb des Gestellrahmens. Der Wagenkasten ist in Stahlleichtbauweise erstellt. Für die Kastenaufbauten wurde Nirosta-Stahl verwendet. Durch einen nach außen gewölbten Wagenquerschnitt in Fensterhöhe sowie durch die Verwendung außenhautbündiger Schwenkschiebetüren konnten durchgehend Abteilquersitze in Anordnung 2+2 vorgesehen werden. Pro Einzelwagen sind zwei Doppeleinstiege vorgesehen. Übergänge zwischen den Einzelwagen konnten nicht angebracht werden, doch ermöglichen Fenster in den Zwischenwänden eine Durchsicht. Der Führerstand mit seitlicher Zugangstür ist vom Fahrgastraum abgetrennt. Gegenüber den Vorläufermodellen zeichnet er sich durch eine einteilige, gewölbte und nach unten gezogene Stirnscheibe aus.

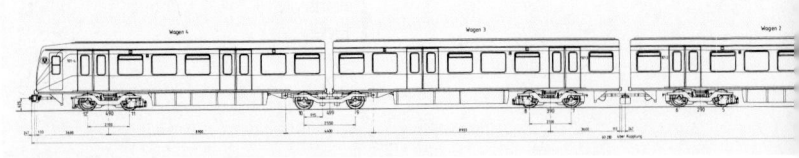

Jeder Halbzug verfügt über eine unabhängige Drehstroman- triebs/- bremsanlage. Die vier Trieb- drehgestelle besitzen jeweils zwei quer- liegende, wassergekühlte Asynchron- motoren. Die Radsätze werden mittels Gummi-Kardan-Kupplungen und Hoh- lwellen angetrieben. Ein Wechselrichter (bei den Unterbauarten DT 4.4 und 4.4 mit GTO-Thyristoren) mit vorgeschalte- tem Gleichstromsteller wandelt die Gleichspannung in Drehspannung um. Die über einem handbetätigten Soll- wertgeber bediente Fahr-/Bremsrege- lung ist mikroprozessorgesteuert. Als Hauptbremse dient die gemischte Netz- und Widerstandbremse, als Zu-

satzbremse die druckluftbediente Fe- derspeicher-Scheibenbremse mit elek- tronischer Regelung. Beide Bremssy- steme weisen eine analoge Bremskraft- vorgabe mit Gleitschutz und Lastkor- rektur auf. Die Fahrzeuge sind mit moderner, mikroprozessorgesteuerter Leittechnik ausgerüstet.

Technische Daten*

Radsatzfolge	Bo'2'Bo'+Bo'2'Bo'
Länge ü.K.	60,20 m
Breite	2,58 m
Radstand (Triebdrehgestell)	2,10 m
Radstand (Laufdrehgestell)	2,55 m
Eigenmasse	76,80 t
Sitzplätze	182
Motorleistung	8 x 125 kW (750 V=)
Baujahre	1988-91/94-95; 95-99

(in Reihenfolge DT 4.1/4.2; 4.3/4.4)

Die Münchner Untergrundbahn

Bereits zur Jahrhundertwende wurde in München die Anlage einer Hoch- bzw. Untergrundbahn diskutiert. Immer wieder wurden neue Konzepte vorgelegt, doch erst 1964 erfolgte der Grundsatzbeschluß für eine vollwertige U-Bahn.

Das erste Münchner U-Bahn-Projekt datiert aus dem Jahr 1893. Zwei Jahre später griff der Leiter des Stadterweiterungsbureaus, Theodor Fischer, die Idee auf. Er beschäftigte sich darüber hinaus mit Hochbahnplänen für München. 1905 erteilte Verkehrsminister Heinrich von Frauendorfer den Auftrag zur Ausarbeitung eines Untergrundbahnkonzepts, doch das Projekt wurde schließlich nicht umgesetzt. Weitere Vorschläge wurden 1919, 1927, 1928 und 1929 von verschiedener Seite ausgearbeitet.

Im Dritten Reich wurde ein S-Bahn-Projekt mit zwei sich kreuzenden, unterirdischen Streckenabschnitten im Stadtbereich entwickelt. Im Mai 1938 begann in der Lindwurmstraße der Bau der Nord-Süd-S-Bahn. 1941 mußten die Arbeiten aufgrund des fortschreitenden Krieges eingestellt werden. In den 50er Jahren wurde erneut der Bau eines unterirdischen Verkehrsmittels diskutiert. Während die DB die Anlage einer unterirdischen Verbindungsstrecke zwischen Hauptbahnhof und Ostbahnhof im Rahmen eines S-Bahn-Systems projektierte, plante die Stadt die Tieferlegung der Straßenbahn im Innenstadtbereich. Erbittert stritten DB und Stadt über die Frage, wer auf der einträglichen

Strecke zwischen Karlsplatz, Marienplatz und Isartorplatz fahren dürfe. Nach einem entsprechenden Gutachten erhielt die DB den Zuschlag. Das U-Straßenbahnprojekt wurde 1964/65 zugunsten einer U-Bahn verworfen. Mit einem Tunnelprofil von 7,60 m Breite und 4,90 m Höhe, einer Wagenbreite von 2,90 m sowie Stromabnahme über Stromschiene (750 V Gleichspannung) erhielt München eine vollwertige U-Bahn.

1965 erfolgte am Nordfriedhof der erste Spatenstich für die künftige Linie U6. Die Vergabe der XX. Olympischen Spiele sicherte dem Münchner U-Bahn-Projekt die nötige Finanzierung und beschleunigte seine Verwirklichung. Die U6 zwischen Kieferngarten und Goetheplatz wurde bereits am 19. Oktober 1971, drei Jahre früher als geplant, eröffnet, und die „Olympialinie" (Abzweig Münchner Freiheit – Olympiagelände der U3) wurde nachträglich in die Netzplanung eingefügt. Der im Zweiten Weltkrieg im Rohbau fertiggestellte Tunneltorso unter der Lindwurmstraße konnte integriert werden.

Als zweite wichtige Nord-Süd-Linie kam 1980 die U8 (heute U2) von der Trabantenstadt Neuperlach zum Scheidplatz hinzu. Im Jahr 1993 wurde die Strecke vom Scheidplatz zur Dül-

Die älteren Münchner U-Bahn-Stationen sind nüchtern gehalten. Im Bahnhof Sendlinger Tor steht ein aus zwei Doppeltriebwagen Typ A gebildeter Vollzug

ferstraße verlängert. Ihre 1983 eröffnete Zweiglinie U1 führt im Nordwesten vom Hbf zum Rotkreuzplatz (1998 zum Westfriedhof verlängert), seit 1997 im Süden vom Kolumbusplatz zum Mangfallplatz. Mit Inbetriebnahme der Ost-West-Linien U4/U5 zwischen 1984 und 1988 wurde das Stammnetz im inneren Stadtbereich fertiggestellt. Die vier zentralen Umsteigebahnhöfe sind der Hauptbahnhof, Marienplatz, Odeonsplatz und das Sendlinger Tor. Am 28. Oktober 1995 verließ die Münchner U-Bahn erstmals das Stadtgebiet: Die oberirdische Verlängerung nach Garching/Hochbrück führt in die selbständige Stadt Garching. Im Bau sind die Verlängerungen Westfriedhof – Olympiaeinkaufszentrum (U1) sowie Garching/Hochbrück –

Garching/Forschungsgelände (U6), die 2002/03 bzw. 2006 eröffnet werden sollen. Mit der geplanten Verlängerung der U4/U5 zum Bahnhof Pasing soll die S-Bahn-Stammstrecke entlastet werden. Im Jahr 2000 wurde angedacht, bis 2015 stufenweise auf bestimmten Streckenabschnitten den fahrerlosen Betrieb einzuführen. Da die Züge in München bereits von Anfang an über Linienzugbeeinflussung (LZB) gesteuert werden, wäre der Übergang zum vollautomatischen Betrieb nur ein kleiner Schritt.
Im Jahr 2000 verfügte München über ein dichtes U-Bahn-Netz mit 93 km Streckenlänge und acht Linien. Im Vorjahr waren 186 Mio. Fahrgäste befördert worden. 254 Doppeltriebwagen waren im Bestand.

Doppeltriebwagen Typ A

Vorbild des Münchner U-Bahn Wagens waren der Berliner Großprofilwagen Typ DL und die Stockholmer Tunelbana-Wagen. Ein Kurzzug besteht aus einem kurzgekuppelten Doppeltriebwagen. Die größte betrieblich verwendete Einheit ist ein Langzug (drei Kurzzüge).

Die Waggon- und Maschinenbau AG, Donauwörth (WMD) lieferte 1967 die beiden Prototypen 6091/7091 und 6092/7092, von Rathgeber kam der Prototyp 6093/7093 (Typ A1). Die Serienfertigung erfolgte zwischen 1970 und 1983 bei den Herstellern Rathgeber, WMD (später MBB, heute Adtranz), MAN und Orenstein & Koppel. Die fünf Unterbauarten unterscheiden sich nur geringfügig: Nr. 6101/7101-6151/7151 (A2.1), 6161/7161-6178/7178 (A2.2), 6201/7201-6253/7253 (A2.3), 6301/7301-6348/7348 (A2.5), 6351/7351-6371/7371 (A2.6). Die Drehgestelle wurden von der DÜWAG bezogen.

Der 36,55 m lange und 2,9 m breite Doppeltriebwagen besteht aus zwei 18,0 m langen, vierachsigen Einzelwagen. Letztere sind über Scharfenberg-Mittelpufferkupplungen miteinander verbunden. Der Wagenkasten ist in Aluminium-Leichtbauweise aus Strangpreßprofilen und Alublechen gefertigt. Die geräumigen Führerstände sind mit Außentüren versehen. Pro Wagenseite sind drei zweiflügelige, getrennt zu öffnende Schwenkschiebetüren vorgesehen. Die druckluftbedienten Türen werden vom Fahrgast einzeln geöffnet und zentral vom Fahrer verschlossen. Die lichte Öffnungsweite von 1300 mm sorgt für einen schnellen Fahrgastwechsel. Bei den Serienwagen (Typ A2) wurden die Türsäulen verstärkt, um die Dachkonstruktion stärker abzustützen. Innen finden sich sechs Abteile mit Sitzteilung 2+2. Auf dem Dach sind Lüfterhauben vorgesehen, die Frischluft ansaugen bzw. Heizluft entweichen lassen. Die Luftfederung garantiert eine gleichbleibende Wagenhöhe und einen guten Fahrkomfort. Der kleinste befahrbare Krümmungshalbmesser beträgt innerbetrieblich 70 m, im Personenverkehr 100 m.

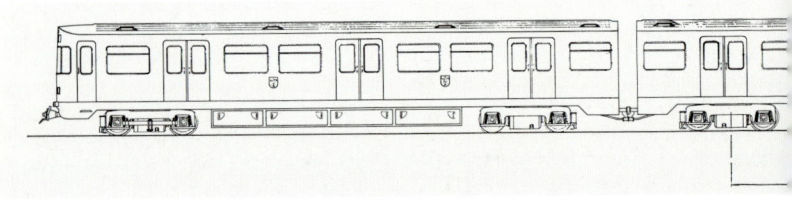

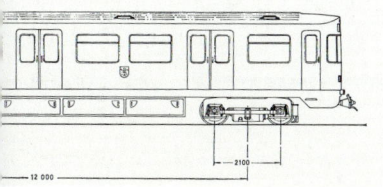

Die in Stahleichtbauweise herge-stellten Drehgestelle werden von je einem längsliegendem 180-kW-Motor angetrieben. An den jeweils äußeren Drehgestellen ist je ein seitli-cher Stromabnehmer angebracht, der die Stromschiene von unten bestreicht. Der Fahrschalter ist in der Mitte des Führerpultes versenkt und wird über einen Hebel bedient. Eine elektronische Thyristorsteuerung schaltet kontaktlos das motorgetriebene Nockenschalt-werk. Neben 18 Serienstufen sind sie-ben Parallel- und drei Feldschwächstu-fen vorgesehen. Die Vielfachsteuerung erlaubt den Einsatz von bis zu drei Kurz-zügen im Zugverband. Beim Fahren muß der Totmannknopf gedrückt wer-den. Neben der elektrischen Wider-standsbremse werden die elektropneu-matische Druckluftbremse als Ersatz-bremse und die Federspeicherbremse als Feststellbremse verwendet.

Technische Daten

Radsatzfolge	B'B'+B'B'
Länge	36,55 m
Breite	2,90 m
Radstand im Drehgestell	2,10 m
Drehgestellmittenabstand	12,00 m
Eigenmasse	48 (A1); 51,6 t (A2)
Sitzplätze	98
Motorleistung	4 x 180 kW (750 V=)
Baujahre	1967 (A1); 1970...83 (A2)

Doppeltriebwagen Typ B

Der ab 1988 in Serie ausgelieferte Typ B baut auf dem Grundkonzept des Typs A auf, zeichnet sich aber durch ein moderneres Erscheinungsbild aus. Außerdem wurden nun Drehstromantriebe mit Energierückgewinnung eingebaut.

Die 1981 von der Firma MBB ausgelieferten Probezüge 6494/7494-6499/7499 (B1.4) wurden mehrere Jahre lang erprobt. Die gewonnenen Erfahrungen wurden beim Bau der Serienwagen 6501/7501-6535/7535 (B2.7) und 6551/7551-6572/7572 (B2.8) berücksichtigt, die 1988 von MAN und MBB sowie 1994/95 vom Waggonbau Bautzen geliefert wurden. Auch Nürnberg beschaffte ähnliche Fahrzeuge. 1994 konnte der 500. U-Bahn-Einzelwagen 6565/7565 feierlich in Betrieb genommen. Er wurde von der Stadt Garching finanziert und trägt zusammen mit zwei weiteren Wagen (Nr. 6566/7566-6567/7567) an einem Wagenende anstelle des Münchner das Garchinger Stadtwappen.

Der Doppeltriebwagen ist wie sein Vorgänger des Typs A (siehe S. 64) in Aluminium-Leichtbauweise erstellt.

Auch sind die Tür- und Fensteranordnung sowie die Fahrgastraumaufteilung identisch. Neugestaltet wurden die Fronten, die nun eine große, einteilige Scheibe aufweisen. Die Linien- und Fahrzielanzeige ist nicht mehr in einem gesonderten Kasten, sondern hinter der Frontscheibe angebracht. Bei der Unterbauart B2.8 wurde die Fallblattanzeige zugunsten einer gelben Matrixanzeige aufgegeben. Damit können allerdings die praktischen Linienfarben nicht mehr am Wagen angezeigt werden. Die in Stahlleichtbauweise gefertigten Drehgestelle des Typs DA 81 (Prototypen) bzw. DA 87 (1. Serie) wurden von MAN neu entwickelt. Sie bieten hervorragende Fahreigenschaften.

Mit dem Typ B ist Abschied von Gleichstrommotoren und Schaltwerken genommen worden. Die längsliegenden Drehstromasynchronmoto-

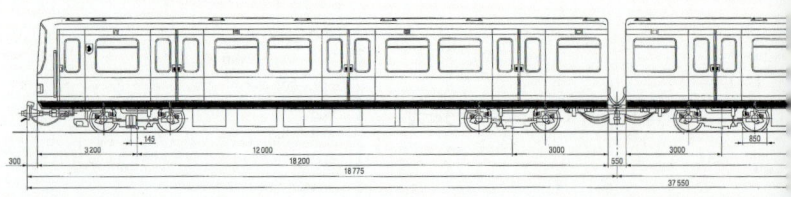

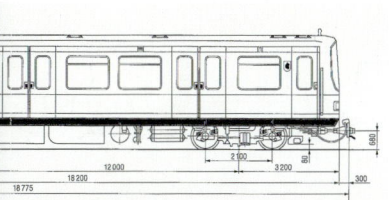

ren werden über Wechselrichter und Gleichstromsteller (Chopper) stufenlos angesteuert. Die Wagensteuergeräte sind in den Fahrerraumrückwänden jeder Wageneinheit eingebaut. Die Bremsenergie kann in das Stromnetz zurückgespeist werden. Die kommutatorlosen, eigengekühlten Drehstrommotoren sind besonders robust und wartungsarm. Die elektrische Ausrüstung ist komplett unter dem Wagenboden untergebracht. A- und B-Wagen können zwar mechanisch, aber aufgrund der unterschiedlichen Steuerun-

gen nicht elektrisch miteinander gekuppelt werden. Wegen Veränderungen in der elektrischen Ausrüstung konnten die Prototypen (B1.4) zunächst nicht mit den Serienwagen (B2.7, B2.8) im Zugverband laufen. 1992-95 wurden sie entsprechend umgerüstet. Mit Ausnahme der Nutzbremsung entspricht die Bremsanlage des Typs B derjenigen des Typs A.

Technische Daten*

Radsatzfolge	B'B'+B'B'
Länge	36,95 m
Breite	2,90 m
Radstand im Drehgestell	2,10 m
Drehgestellmittenabstand	12,00 m
Eigenmasse	58,5; 57,1; ca. 56 t
Sitzplätze	98
Motorleistung	4 x 195 kW (750 V=)
Baujahre	1981; 88; 94/95

*) in Reihenfolge B1.4; B2.7; B2.8

Sechsteiliger Triebzug Typ C

Mit dem 1997 in Auftrag gegebenen Typ C verließ München das Konzept des fest gekuppelten Doppeltriebwagen zugunsten eines sechsteiligen Triebzuges mit Übergängen. Außerdem wurden die Fahrzeuge von der Firma Neumeister Design außen wie innen grundlegend neu gestaltet.

Die ursprünglich avisierte dreiteilige Variante (Bo'Bo'+Bo'Bo'+Bo'Bo') wurde zugunsten des Sechsteilers verworfen. Er bietet Platz für 918 Fahrgäste, davon 252 sitzend. Die ersten zehn Züge (Nr. 7601ff.) werden ab Jahreswechsel 2000/01 eintreffen. Die Lebensdauer ist auf 40 Jahre angesetzt. Die komplette E-Ausrüstung wurde von dem Generalunternehmer Siemens AG geliefert. Adtranz zeichnete für den wagenbaulichen Teil, die Drehgestelle, Bremsausrüstung und die Beleuchtungseinrichtung verantwortlich. Infolge der durchgehenden Begehbarkeit entsteht ein großräumiger Eindruck, und das subjektive Sicherheitsgefühl wird verbessert. Außerdem soll dadurch eine gleichmäßigere Verteilung der Fahrgäste erreicht und deren Wechsel an den Haltestellen beschleunigt werden. Ein Nachteil ist allerdings, daß die Länge der Züge nicht mehr dem Verkehrsaufkommen angepaßt werden kann. Das Bild zeigt ein 1:1-Modell der vorderen Wagenteile.

Das allachsgetriebene Fahrzeug besteht aus zwei Kopfeinheiten und vier Mitteleinheiten, die über Gelenke miteinander verbunden sind. Der Wagenkasten ist in Aluminium-Integralsowie Differentialbauweise gefertigt. Erstmals stand am Anfang der Überlegungen ein Designkonzept. Außen zeichnet es sich durch die klare, einfache Linienführung aus. Die Front ist großzügig verglast. Die schrägen und leicht gewölbten Dachholme laufen in einer kontinuierlichen Kurve vom Dach bis zur Bugspitze. In die Seitenflächen sind die ebenfalls gewölbten Seitenscheiben flächenbündig eingesetzt. Die breiten Übergänge zwischen den Wagen ermöglichen eine gute Durchsicht durch den gesamten Zug und zum Fahrer. Die Eingangsbereiche weisen großzügige Stehräume auf. Für Roll-

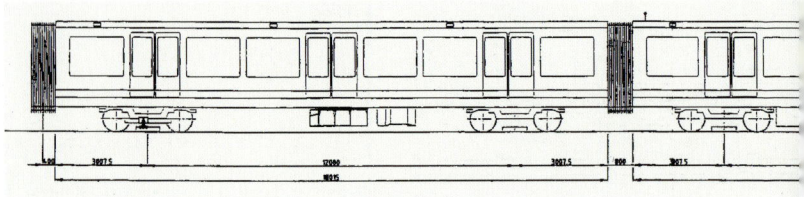

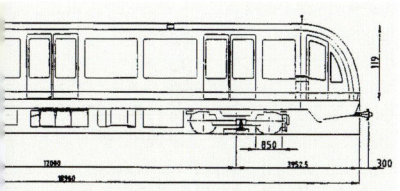

stühle, Kinderwagen und Fahrräder wurden besondere Plätze vorgesehen. Konventionelle Sitzabteile wechseln sich nun mit gegenüber angeordneten Sitzgruppen für Kurzstreckenfahrgäste ab. Neuartig ist auch die seitliche Raumbeleuchtung mit Gitterrasterblenden und flächenbündiger Glasabdeckung. Bevorzugt wurden vandalismusresistende und recyclefähige Materialien eingesetzt.

 Pro Wagen ist unter dem Boden ein Antriebscontainer mit Drehstrom-

ausrüstung in IGBT-Technik untergebracht. Die Triebdrehgestelle sind mit voll abgefederten Einzelachs-Querantrieben ausgerüstet. Ein SIBAS-32-Antriebssteuergerät übernimmt die Steuerung und Regelung. Das Bremsen erfolgt über eine Nutz-/Widerstandsbremse. Als Ersatzbremse dient die Druckluftbremse mit Gleitschutzvorrichtung, als Feststellbremse die Federspeicherbremse.

Technische Daten

Radsatzfolge	
Bo'Bo'+Bo'Bo'+Bo'Bo'+Bo'Bo'+Bo'Bo'+ Bo'Bo'	
Länge ü.K.	113,98 m
Breite	2,90 m
Drehgestellmittenabstand	12,00 m
Eigenmasse	160 t
Sitzplätze	252
Motorleistung	24 x 100 kW (750 V=)
Baujahre	2000 ff.

Die Nürnberg-Fürther Untergrundbahn

Die Nürnberg-Fürther U-Bahn ist das kleinste System in Deutschland. Um 2004 wird auf der im Bau befindlichen Linie U3 der fahrerlose Betrieb eingeführt werden. Später soll auch die U2 auf diese Betriebsweise umgestellt werden.

Gestützt auf ein Gutachten von Professor Lambert beschloß der Nürnberger Stadtrat am 24. April 1963 die Anlage eines Unterpflasterbahnnetzes. Doch bereits am 24. November 1965 revidierte der Stadtrat diese Entscheidung und entschied sich für den Bau einer echten U-Bahn, obwohl Nürnberg damals nur 472 000 Einwohner aufwies.

In technischer Hinsicht lehnte sich Nürnberg weitgehend an das Münchner Vorbild an. Die Stromversorgung mit 750 V Gleichspannung erfolgt über eine seitliche Stromschiene. Im Unterschied zu München wurde jedoch in der Wagenwerkstatt Langwasser und an der Wendeanlage Langwasser-Süd eine straßenbahnähnliche Hilfsfahrlei-

Hilfsstromabnehmer mit Schleifstück im Werkstattbereich

tung vorgesehen. Hierfür verfügen die Fahrzeuge über einen ausfahrbaren Hilfsstromabnehmer mit Schleifstück. Auch verkehren die Fahrzeuge nicht, wie in München, über Linienzugbeeinflussung, sondern werden handgesteuert. Als Besonderheit sind in Nürnberg/Fürth darüber hinaus die Gleise im Tunnel weitgehend als feste Fahrbahn auf der Tunnelsohle verlegt.

Das System wurde von der Peripherie aus sukzessive in Betrieb genommen. Am 1. März 1972 wurde der erste, weitgehend oberirdisch verlaufende Abschnitt der U1 zwischen Langwasser und Bauernfeindstraße eröffnet. Die Innenstadt erreichte die U1 erst im Jahr 1978. Am 20. März 1982 wurde sie unter Nutzung der Viaduktstrecke der Straßenbahn über die Stadtgrenze hinaus nach Fürth verlängert. Im Dezember 1998 erreichte sie die Haltestelle Stadthalle Fürth. Von dort soll die U1 noch über die Fürther Stadtgrenze hinaus nach Hardhöhe verlängert werden.

Die ausschließlich unterirdisch trassierte Linie U2 wurde auf einem ersten Abschnitt zwischen Plärrer und Schweinau im Januar 1984 eröffnet. 1986 wurde sie im Südwesten nach Röthenbach, 1994 im Norden nach Herrnhütte verlängert. Im November

Die beiden Fahrzeugtypen DT1 (rechts) und DT2 (links) der Nürnberg – Fürther U-Bahn in der Wagenwerkstatt Langwasser. Man beachte die in diesem Bereich vorgesehene Oberleitung

1999 wurde die Verlängerung von Herrnhütte zum Flughafen in Betrieb genommen.

Die ursprünglich geplante dritte U-Bahn-Linie (Thon – Plärrer – Tiergarten) wurde wieder aufgegeben. Statt dessen soll die U2 zwei Zweigstrecken nach Gebersdorf und zum Klinikum Nord erhalten, die von einer Linie U3 befahren werden. Um 2004 soll der erste Abschnitt bis Maxfeld in Betrieb gehen.

Die VAG Nürnberg planen auf der U3 einen vollautomatischen, fahrerlosen Betrieb. Hierfür werden führerstandslose Doppeltriebwagen mit Übergängen zwischen beiden Wagenteilen ausgeschrieben. Die U2 soll vorerst weiterhin mit Fahrern verkehren, weswegen es auf dem gemeinsam benutzten Abschnitt zu einem Mischbetrieb kommen wird. Mittelfristiges Ziel ist die Umstellung der Linien U2 und U3 auf vollautomatischen Betrieb. Ob auch die U1 einmal fahrerlos betrieben werden wird, ist noch offen.

Das Netz der Nürnberg-Fürther U-Bahn hatte zum 1.1.2000 eine Streckenlänge von 30 km erreicht. Hierfür stehen 75 Doppeltriebwagen zur Verfügung. Auf den zwei Linien wurden 1999 insgesamt 85,19 Mio. Fahrgäste befördert.

Nürnberg/Fürth: Doppeltriebwagen Typ DT1

Die Nürnberg/Fürther U-Bahn lehnte sich in ihrem Fahrzeugkonzept bewußt an München an, um die dortigen Erfahrungen übernehmen zu können. Außerdem wurden wiederholt Fahrzeuge zwischen den beiden bayerischen U-Bahn-Betrieben ausgetauscht.

Der Typ DT1 entspricht weitgehend dem Münchner U-Bahn-Typ A. MAN lieferte zwischen 1970 und 1984 in sechs Serien die Doppeltriebwagen 401/402-527/528. Abgesehen von der Farbe (Rot/Weiß statt Weiß/Blau) unterscheiden sich die Nürnberger insbesondere durch die Hilfsstromabnehmer am kurz gekuppelten Wagenende (dadurch mußten die Durchgangsfenster geteilt werden) und durch die zusätzlich eingebauten Magnetschienenbremsen. Außerdem erhielten die ab 1980 ausgelieferten Fahrzeuge Drehstromantriebe. Aufgrund der beschränkten Länge der Nürnberg/Fürther Bahnsteige können nur Vollzüge (zwei Doppeltriebwagen im Zugverband), jedoch keine Langzüge aus drei Doppeltriebwagen gebildet werden.

Der Wagenkasten ist in geschweißter Leichtbauweise aus Strangpreßprofilen und Alublechen gefertigt. Ein Doppeltriebwagen besteht aus zwei kurz gekuppelten, vierachsigen Einzelwagen. Die geräumigen Führerstände sind mit Außentüren versehen. Auf beiden Seiten sind pro Einzelwagen drei zweiflügelige, getrennt zu öffnende Schwenkschiebetüren eingebaut. Die druckluftbedienten Türen werden vom Fahrgast einzeln geöffnet und zentral vom Fahrer verschlossen. Die lichte Öffnungsweite von 1300 mm ermöglicht einen schnellen Fahrgastwechsel. Innen finden sich sechs Abteile mit Sitzteilung 2+2. Auf dem Dach sind Lüfterhauben vorgesehen, die Frischluft ansaugen bzw. Heizluft entweichen lassen. Die Luftfederung hält selbsttätig den eingestellten Pufferstand auf gleicher Höhe. Der kleinste befahrbare Krümmungshalbmesser beträgt innerbetrieblich 70 m, im Personenverkehr 100 m.

Die elektrische Ausrüstung wurde vom Hauslieferant Siemens geliefert. Die Drehgestelle werden bei den

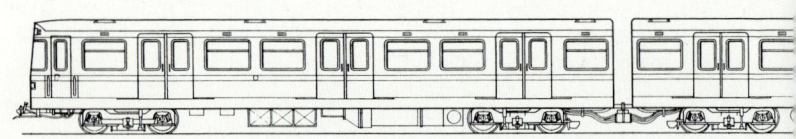

Nr. 401/402-463/464 von je einem längsliegendem 180-kW-Motor angetrieben. An den jeweils äußeren Drehgestellen ist je ein seitlicher Stromabnehmer angebracht. Der Fahrschalter ist in der Mitte des Führerpultes versenkt und wird über einen Hebel bedient. Eine elektronische Thyristorsteuerung regelt das motorgetriebene Nockenschaltwerk. Neben der elektrischen, Druckluft- und Federspeicherbremse wurde zusätzlich die Magnetschienenbremse vorgesehen.

Bei den zwischen 1980 und 1984 abgelieferten Doppeltriebwagen 465/466-527/528 wurden Drehstroman-triebe eingebaut. Sie sind mit den dazugehörigen Getrieben zu integrierten Antrieben der Bauart SIMOTRAC kombiniert. Die Antriebssteuerung erfolgt vollelektronisch über Thyristor-Umrichter und Wagensteuergeräte. Die Umrichter sind eine Kombination aus Gleichstromsteller und Wechselrichter. Stärkere 200-kW-Motoren wurden eingebaut.

Technische Daten*

Radsatzfolge	B'B'+B'B'
Länge	36,55 m
Breite	2,90 m
Radstand im Drehgestell	2,10 m
Drehgestellmittenabstand	12,00 m
Eigenmasse	51,7; ca. 51 t
Sitzplätze	98
Motorleistung	4 x 180; 200 kW (750 V=)
Baujahre	1970-79; 1980-84

*) in Reihenfolge 401/402-463/464; 465/466-527/528

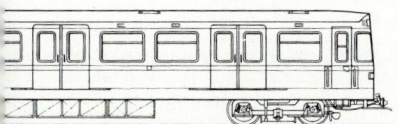

Doppeltriebwagen Typ DT2

Nürnberg/Fürth hielt noch bis Mitte der 80er Jahre am Ursprungstyp DT1 fest. Erst 1993/94 ging der Verkehrsbetrieb zu dem verbesserten Doppeltriebwagen DT2 über. Im wagenbaulichen Teil entspricht er dem Münchner Typ B2 (siehe S. 66).

Die 1993/94 von dem ortsansässigen Hersteller MAN ausgelieferten Fahrzeuge 529/530-551/552 erhielten ein neues Außendesign mit großen, einteiligen Stirnscheiben und dahinter angebrachter Rollbandanzeige. Auch führten sie eine neugestaltete rot/weiße Lackierung mit dynamischen Streifen ein. Der Führerstand wurde umgestaltet. Der gegenüber dem DT1 neu eingeführte Drehstromantrieb spart Antriebsenergie und vermindert die Wartungskosten.

Der Doppeltriebwagen ist in Aluminium-Integralbauweise gefertigt. Dabei kam die auch beim ICE-Mittelwagen verwendete Großstrangprofiltechnik aus Alulegierungen zur Anwendung. Die Tür- und Fensteranordnung sowie Fahrgastraumaufteilung sind mit dem Vorläufer DT1 identisch (siehe S. 72). Im Führerstand wurden die Bedienelemente nun links statt mittig an-

geordnet. Völlig neu entwickelt wurden von MAN die Drehgestelle mit quer zur Fahrtrichtung angeordneten Motoren. Helle, freundliche Farben prägen den Fahrgastraum. Durch das Entfernen von Sitzen wurden die Steh- und Gepäckräume vergrößert. Gepolsterte und ergonomisch geformte Sitze wurden eingebaut.

Die elektrische Ausrüstung lieferte Siemens. Längsliegende Drehstrommotoren waren bereits in den DT1-Doppeltriebwagen 465/466-527/528 verwendet worden. Im Unterschied hierzu wie auch zum wagenbaulich verwandten Münchner Typ B wurden quer zur Fahrtrichtung angeordnete, voll abgefederte Drehstrommotoren mit Einzelachsantrieb eingebaut. DT1- und DT2-Fahrzeuge können daher nicht mehr betrieblich miteinander gekuppelt werden. Anstelle des elektromotorisch angetriebenen

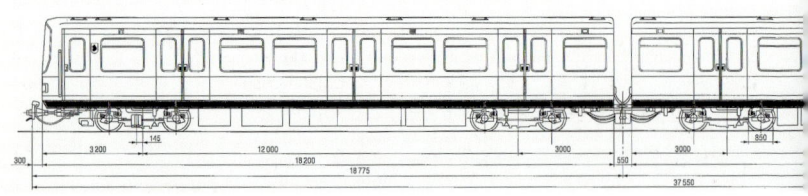

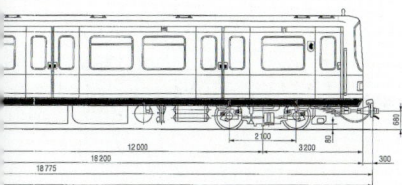

Nockenschaltwerkes, wie bei den DT1 der Baujahre 1970-79, werden die Fahrzeuge über Wechselrichter und Gleichstromsteller (Chopper) stufenlos angesteuert. Die Wagensteuergeräte sind in den Fahrerraumrückwänden jeder Wageneinheit eingebaut. Die Bremsenergie kann in das Stromnetz zurückgespeist werden. Der Rückgewinnungsgrad liegt bei über 25 Prozent. Die elektrische Ausrüstung ist komplett unter dem Wagenboden untergebracht. Folgende Bremssysteme sind eingebaut: Widerstands- bzw. Nutz-

bremse, Druckluftbremse und Federspeicherbremse. Auf die beim DT1 verwendete Magnetschienenbremse wurde nun verzichtet. Neueste, massensparende Datentechnik mit einem Mehrrechnersystem und Datenbussen optimiert die Kommunikation innerhalb eines Wagens bzw. zwischen Fahrzeugen und vermindert die Eigenmasse.

Technische Daten

Radsatzfolge	Bo'Bo'+Bo'Bo'
Länge	37,50 m
Breite	2,90 m
Radstand im Drehgestell	2,10 m
Drehgestellmittenabstand	12,00 m
Eigenmasse	55 t
Sitzplätze	82
Motorleistung	8 x 109,5 kW (750 V=)
Baujahre	1993/94

Die weltweit einzigartige Wuppertaler Schwebebahn wird rechtlich als „Bahn besonderer Bauart" betrachtet. Mit jährlich rund 25 Mio. Fahrgästen ist die 13,3 km lange Linie das Rückgrat des Nahverkehrs im Raum Wuppertal.

Die damals selbständigen Nachbarstädte Barmen und Elberfeld zählten im Jahr 1880 fast 190 000 Einwohner. Der Hauptverkehrsstrom verlief damals wie heute entlang des schmalen Flußtales der Wupper. Da der Platz für eine zweite Straßenbahntrasse fehlte und der felsige Boden auch keine Untergrundbahn zuließ, entschlossen sich die Stadtverordneten im Dezember 1894 zum Bau einer „einschienigen Hängebahn System Eugen Langen". Von vielen Zeitgenossen wurde das Projekt heftig bekämpft. Im Sommer 1898 begann der Bau. Die elektrische Ausrüstung wurde von der Elektrizitäts Akti-

en-Gesellschaft, vormals Schuckert & Co., Nürnberg, bezogen. Ihre Tochterfirma, die „Continentale Gesellschaft für elektrische Unternehmungen", wurde mit dem Bau und Betrieb der Bahn beauftragt.

Noch vor der offiziellen Eröffnung fuhr am 24. Oktober 1900 der technikbegeisterte Kaiser Wilhelm II. von Döppersberg (Elberfeld-Mitte) nach Vohwinkel. Der dabei benutzte „Kaiserwagen" (Nr. 5+22) ist noch heute vorhanden (siehe S. 149f.).

Am 1. März 1901 wurde der Abschnitt Zoo – Kluse eröffnet, am 24. Mai 1901 und 27. Juni 1903 folgten die Abschnit-

Anordnung der Drehgestelle bei den Schwebebahn-Triebwagen der ersten Serie

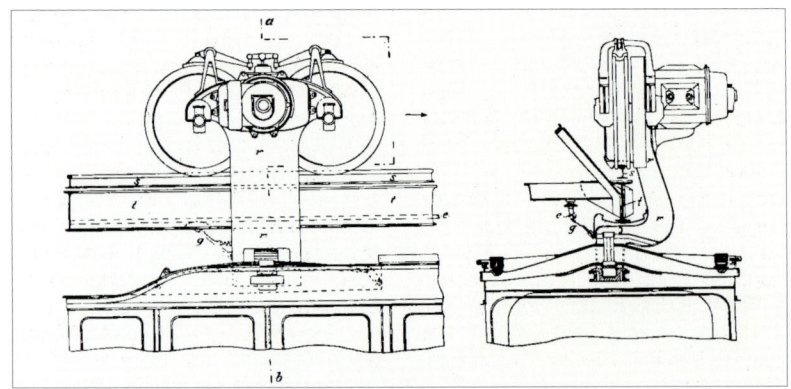

In den siebziger Jahren wurde die Wuppertaler Schwebebahn auf Gelenkzüge mit energiesparenden Gleichstromstellersteuerungen umgestellt

te Zoo – Vohwinkel bzw. Kluse – Rittershausen (Oberbarmen). Die Strecke wurde größtenteils über dem Bett der Wupper angelegt. 472 Eisenstützen wurden aufgestellt. Die gesamten Baukosten beliefen sich auf 16 Millionen Goldmark.

Ab Dezember 1962 wurden die ersten Gelenkzüge eingesetzt. 28 durchgehend begehbare Gelenkzüge der zweiten Generation mit Gleichstromstellersteuerungen wurden von 1972-75 beschafft. Sie sind noch heute im Einsatz. Als erste Bahn in Europa erhielt die Wuppertaler Schwebebahn 1974 eine Zugabfertigung mittels drahtloser Fernsehtechnik. Die damals geplante Verlängerung von Oberbarmen nach Nächstebreck wurde nicht verwirklicht, da die dort projektierte Wohnsiedlung

nicht errichtet wurde. 1995 wurde mit einem Ausbauprogramm begonnen. Die Tragkonstruktion wird komplett neu errichtet. Durch vergrößerte Radien werden höhere Geschwindigkeiten möglich sein. Zur Lärmreduzierung werden die Schienen auf elastische Kunststofflager verlegt. Die Stationen werden neu errichtet bzw. grundlegend modernisiert. Drei Bahnhöfe bleiben in historischem Gewand erhalten. Nach Abschluß des Ausbauprogramms wird ab ca. 2003 eine neue Fahrzeuggeneration beschafft werden. Hierzu wird derzeit ein Lastenheft erstellt. Aller Voraussicht nach wird Wuppertal an der Bauform des Gelenkwagens festhalten. Die derzeitigen 28 Gelenkwagen werden dann rund 30 Jahre alt sein und sollen komplett ersetzt werden.

Zur Rationalisierung des Schwebebahnbetriebs wurde der gesamte, teilweise 70 Jahre alte Wagenpark in den Jahren 1972-75 durch Doppelgelenktriebwagen mit Gleichstromstellersteuerungen ersetzt.

Die Einrichtungsfahrzeuge mit den Wagennummern 1-28 tragen eine auffällige orange/blaue Lackierung. Der gesamte Betrieb wird mit diesen Fahrzeugen abgewickelt. Bis etwa 2005 sollen sie von einem Nachfolgemodell abgelöst werden.

Der selbsttragende Wagenkasten ist in geschweißter Aluminiumbauweise gefertigt. Das Kastengerippe ist aus Strangpreßprofilen aufgebaut. In Fahrtrichtung recht sind vier außenlaufende Doppelschiebetüren von jeweils 1300 mm lichter Weite vorgesehen. Sie können nur bei Stillstand geöffnet werden. Die große, einteilige Stirrnscheibe ermöglicht dem Fahrer eine gute Sicht. Die weitgehend abgeschlossene Fahrerkabine wird vom Innenraum aus erreicht. Die Wagenbreite von 2,20 m entspricht derjenigen eines Straßenbahnwagens. Mit Ausnahme des Heckraumes (drei nebeneinanderliegende Quersitze) und des kurzen Mittelteiles (Einzelsitze) sind auf der Türseite keine Sitzplätze vorgesehen. Hier soll ein großzügiger Auffangraum geschaffen werden. Auf der türlosen Seite sind doppelreihige Quersitze in Fahrtrichtung eingebaut. Der Fußboden geht stufenlos durch den gesamten Wagen. Am Heck ist ein Rangierfahrschalter vorgesehen.

Die Schwebebahn-Gelenkwagen waren die ersten Triebwagen in Mitteleuropa, die serienmäßig mit der von Siemens entwickelten Thyristor-Gleichstromstellersteuerung (Choppersteuerung) ausgerüstet wurden. Sie arbeitet verschleißlos und ohne Widerstände. Der Gleichstromsteller „zerhackt" die Fahrdrahtspannung und regelt dadurch Anfahren und Bremsen stufenlos. Eine Rückspeisung von

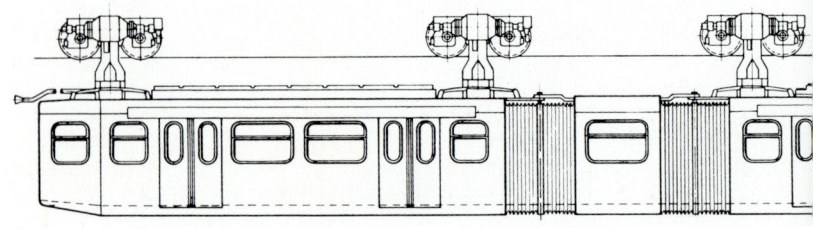

Bremsenergie in das Stromnetz wird ermöglicht. Bis zu 30 Prozent der Energie können im Betrieb eingespart werden. Ein zentrales Wagensteuergerät mit den Funktionen Ruckbegrenzung, Stromregelung, Motorshuntung, Spannungsüberwachung, Bremsstromüberwachung, Bremswiderstandsstufen-Vorwahl, Thyristorsteuersatz, Impulsverstärker und Stromversorgung übernimmt die Fahr/- Bremsregelung. Als Zusatzbremse ist eine zweistufige Federspeicherbremse mit elektronischer Löseinrichtung vorhanden. In jedem der vier Drehgestelle treibt ein Fahrmotor mit angeflanschten Schneckenradachstrieben beide Räder an (Durand-Antrieb). Die Höchstgeschwindigkeit beträgt 60 km/h. Die Bordenergieversorgung erfolgt über einen ruhenden Umformer.

Technische Daten

Radsatzfolge	B'B'B'B'
Länge	24,06 m
Breite	2,20 m
Radstand im Drehgestell	1,28 m
Drehgestellmittenabstand	
	7,645/5,69/7,645 m
Eigenmasse	22,175 t
Sitzplätze	48
Motorleistung	4 x 50 kW (600 V=)
Baujahre	1972-75

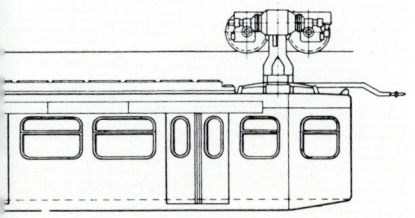

Der Nahverkehr in Ballungsräumen stellt besondere Anforderungen, die sich erheblich von denen des Fernverkehrs unterscheiden. Nicht das bequeme Reisen, sondern eine rasche Abwicklung des Verkehrsflusses steht im Vordergrund. In kurzen Abständen folgen die Haltestellen aufeinander, die Wartezeiten sollen möglichst kurz sein, und große Ströme von Fahrgästen mit oft nur kurzen Reisewegen sind zu bewältigen. Fahrzeuge mit hohen Beschleunigungs- und Bremsverzögerungswerten, gesteigerter Höchstgeschwindigkeit sowie Einrichtungen für einen raschen Fahrtrichtungswechsel werden benötigt, um eine attraktive Reisegeschwindigkeit von mindestens 40 km/h zu gewährleisten.

Durch Einführung der elektrischen Traktion konnte die Anfahrbeschleunigung von 0,5-1,0 m/s^2 (Dampftraktion) auf 1,0-2,0 m/s^2 gesteigert werden. Für den Nahverkehr sind Triebzüge besonders geeignet, da sie aufgrund der Verteilung der Antriebseinheiten auf die gesamte Fahrzeuglänge hohe Beschleunigungs- und Bremswerte erreichen, kaum toten Raum an einem Fahrzeugende verschenken und eine schnelle Fahrtrichtungsänderung ermöglichen. Durch Einrichtungen für Vielfachsteuerung können längere Zugverbände zusammengestellt werden. Dabei erlauben die seit den 20er Jahren eingeführten (halb-)automatischen Kupplungen eine rasche Anpassung an wechselnde Verkehrsverhältnisse.

Eine schnelle Fahrtrichtungsänderung ermöglichen auch Wendezüge mit Lokomotiven und Steuerwagen, die sich deshalb neben Triebzügen besonders häufig im Nah- und Vorortverkehr finden. Sie wurden bei der DB in den fünfziger Jahren in größerem Umfang eingeführt.

Bei Trieb- und Wendezügen wurden zunächst Abteilwagen mit dem Vorzug zahlreicher Türen bevorzugt, so z. B. bei der ersten Hamburger S-Bahn-Generation (Zeichnung S. 81). Später wurde der Abteilwagen auch im Nah- und Vorortverkehr vom Durchgangswagen mit breiten Türen, großzügigem Auffangraum und übersichtlicher Raumaufteilung (häufig in Großräumen) abgelöst.

Siemens & Halske hatte erstmals 1881 einen elektrischen Triebwagen für die Straßenbahn-Demonstrationsstrecke in Groß-Lichterfelde bei Berlin (180 V Gleichspannung) vorgestellt. In den neunziger Jahren hielten zweiachsige Straßenbahnwagen – nun mit mehrstufigem Schleifringfahrschalter, gesondertem Fahrgestell und Tatzlagermotoren – in vielen deutschen Städten Einzug. In der Regel wurde 550-600 V Gleichspannung verwendet. Die Stromabnahme erfolgte über eine Oberleitung (Schleifbügel oder Rolle).

Die ersten Vollbahntriebwagen wurden 1895 von Siemens & Halske für die Strecke Meckenbeuren – Tettnang ausgeliefert (650 V Gleichspannung). Sehr früh interessierte man sich bei den Ber-

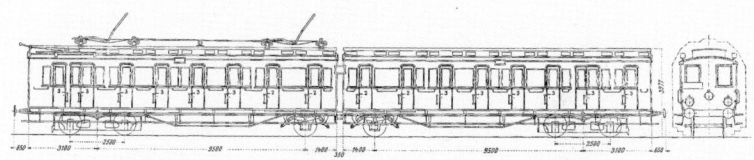

Zweiteiliger Triebwagen der elektrifizierten Vorortbahn Blankenese – Ohlsdorf (6300 V 25 Hz, Oberleitung), dem Vorläufer der Hamburger S-Bahn

liner Stadt-, Ring- und Vorortbahnen für die elektrische Traktion. Siemens & Halske experimentierte von 1900-02 auf der Wannseebahn mit Zehn-Wagen-Zügen aus Abteilwagen, deren dreiachsige Endwagen je einen auf den Achsen sitzenden Motor (600 V Gleichspannung) erhalten hatten. Die Motoren wurden noch über eine Starkstromleitung gesteuert. Die Stromabnahme erfolgte über Stromschiene. Die Union Elektrizitätsgesellschaft elektrifizierte die Vorortstrecke Berlin, Potsdamer Bahnhof - Groß-Lichterfelde Ost (550 V Gleichspannung, Stromschiene). Vierachsige Abteiltriebwagen und dreiachsige Abteilbeiwagen wurden eingesetzt. Erstmals wurde eine Schwachstrom-Vielfachsteuerung (13 Schütze) verwendet. Der vollelektrische Regelbetrieb begann am 8. Juli 1903 und hielt sich bis 1929.

Die Studiengesellschaft für elektrische Schnellbahnen erprobte ab 1901 auf der Versuchsstrecke von Marienfelde nach Zossen zwei Drehstrom-Triebwagen mit einer Höchstgeschwindigkeit von 210 km/h. Die Stromzuführung erfolgte über eine dreipolige Oberleitung. 1903 richtete die AEG auf der Berliner Vorortstrecke Niederschöneweide – Johannisthal – Spindlersfeld einen Versuchsbetrieb mit Einphasen-Wechselspannung (6000 V 25 Hz; Oberleitung) ein. Eingesetzt wurden sechsachsige Abteiltriebwagen der Achsfolge (A1A) 3'. Nach zweijähriger Erprobung wurden die Triebwagen an die elektrifizierte Hamburger Vorortbahn (6300 V 25 Hz; Oberleitung) abgegeben. Dort wurden zwischen 1905 und 1912 insgesamt 140 zweiteilige, kurzgekuppelte Triebwagen nachbestellt (Zeichnung oben). Der Wagenkasten bestand aus Holz, das Dach war mit Oberlichtaufbauten versehen. Als Stromabnehmer wurden Schleifbügel mit breitem Schleifstück verwendet. Zum Ersatz der ersten Fahrzeuggeneration sowie zur Deckung des steigenden Bedarfs wurden ab 1924 insgesamt 57 richtungsweisende Wechselstrom-Triebwagenzüge (ET 99,

Achsfolge Bo'2'2') in Betrieb genommen. Sie wiesen zahlreiche Neuerungen auf: Stahlwagenkasten, Tonnendach sowie mittiges Jakobsdrehgestell.

Ab 1928 setzte die DR die neuentwickelten ET 41 mit Achsfolge (1A)'(A1)' und Vielfachsteuerung zusammen mit den Steuerwagen ES 41 im Schnellverkehr Leipzig – Halle ein. Später kamen sie auch in Süddeutschland im Vorortverkehr zum Einsatz. Für den elektrischen Vorortverkehr im Raum München wurden ab 1926 die ET 85 sowie Steuerwagen ES 85 mit genietetem Stahlkasten und eingezogenen Fahrgasttüren beschafft. Dazwischen wurden Personenwagen eingestellt. Den 1933 aufgenommenen, S-Bahn-ähnlichen Vorortverkehr zwischen Esslingen, Stuttgart und Ludwigsburg bewältigten robuste vierachsige Trieb- und Steuerwagen der Baureihe ET 65/ES 65 und dazwischen eingestellte Personenwagen.

In enger Zusammenarbeit zwischen der Maschinenfabrik Esslingen und dem Reichsbahn-Zentralamt München entstand 1935 der moderne Doppeltriebwagen ET 25 (Achsfolge Bo'2'+2'Bo'), der im Städteschellverkehr sowie im Münchner Vorortverkehr eingesetzt wurde. Beide Wagenteile waren kurzgekuppelt und über einen Faltenbalg miteinander verbunden. Wagenkasten und Drehgestelle waren vollständig geschweißt. In den Jahren 1939/40 folgten vier weitere Triebwagen für bergiges Gelände (ET 55). Die ET 25 und ET 55 wurden nach 1945 aus dem Schnell-

Für die neue Nord-Süd-Strecke der Berliner S-Bahn wurden ab 1937 die eleganten ET/EB 167 geliefert

Zwischen 1939 und 1958 wurden die dreiteiligen Triebzüge ET/EM 171 für die Hamburger S-Bahn gebaut. Der Mittelwagen ist nicht angetrieben

zugdienst verdrängt und kamen verstärkt im Vorortverkehr weiterer Großräume (Heidelberg, Nürnberg und Stuttgart) zum Einsatz. Viele wurden erheblich modernisiert, ein Teil noch in dreiteilige Triebwagen umgebaut.

Zusammen mit den ET 25 waren 1936 auch 13 dreiteilige ET 31 mit der Achsfolge Bo'2'+Bo'2'+2'Bo' für den Schnellverkehr zwischen Knotenpunkten ausgeliefert worden. Sie liefen in den Großräumen München, Nürnberg und Breslau und zeichneten sich durch eine besonders hochwertige Innenausstattung aus. Nach 1945 wurden sie bei der DB unterschiedlich umgebaut.

Als Konkurrenz entwickelte sich der kostengünstigere Gleichspannungsbetrieb mit seitlicher Stromschiene. Die Berliner Stadt-, Vorort- und Ringbahn erhielt bei ihrer Elektrifizierung ab 1924 (800 V Gleichspannung, seitliche Stromschiene) nach einigen Versuchszügen zunächst eine Serie fünfteiliger Züge, bestehend aus je zwei Triebwagen der Achsfolge Bo'2' (Typ „Bernau", späterer ET 169) und drei dazwischen eingestellten zweiachsigen Beiwagen.

In den Jahren 1925/26 folgten fünfzig zweiteilige „Viertelzüge" des Typs „Oranienburg" (spätere ET/ES 168, Achsfolge Bo'Bo' + 2'2'). Zwei Viertelzüge bildeten einen „Halbzug", vier Viertelzüge einen „Vollzug". Erstmals kam über die ganze Zuglänge die selbsttätige Scharfenbergkupplung zur Anwendung. Zugunsten eines schnellen Fahrgastwechsels waren die Fahrzeuge mit zweiflügeligen Türen ausgerüstet. Die Wagenkästen waren in genieteter Stahlbauweise gefertigt. Bei den ab 1927 in einer Stückzahl von 638 Viertelzügen gebauten „Stadtbahnwagen" (spätere ET/ES/EB 165 bzw. BR 275, schließlich BR 475/875) war die Eigenmasse deutlich reduziert worden. Mit dem elektropneumatischen Schaltwerk, der elektrisch gesteuerten Einkammer-Druckluftbremse und der druckluftbedienten Türschließanlage waren richtungsweisende technische Komponenten eingebaut. Die 1932 nachgelieferten „Wannseebahnwagen" erhielten versenkte Nieten und eine elektrische Steuerung.

Für die Schnellverbindung zwischen Zehlendorf und Potsdamer Bahnhof wurden 1935/38 „Bankierzüge" der weiterentwickelten Baureihe ET/EB 125 geliefert. Sie besaßen stärkere Motoren für eine Höchstgeschwindigkeit von 120 bzw. 140 km/h statt 80 km/h, erstmals vollkommen geschweißte Drehgestelle sowie neue abgeschrägte Stirnfronten. Nach 1945 wurden die Fahrzeuge den ET/EB 166 angepaßt, in

Der ET 30 fuhr im Nahschnellverkehr des Ruhrgebietes

deren Reihenbezeichnung sie eingegliedert wurden.

Die Erfahrungen der Baureihe ET/EB 125 flossen 1936 in den Bau der 34 langsameren Viertelzüge ET/EB 166 („Olympiazüge") ein. Aus der Baureihe ET/EB 166 wurde die von 1937/40 für den Nord-Süd-Tunnel gelieferte Baureihe ET/EB 167 entwickelt. Wagenkasten, Hauptrahmen und Drehgestelle waren nun geschweißt.

Nach dem Vorbild der Berliner S-Bahn wurde auch die Hamburger S-Bahn ab 1940 auf Gleichspannung (1200 V) mit seitlicher Stromschiene umgestellt. Hierfür wurde der dreiteilige Triebzug ET/EM 171 mit komplett geschweißtem Wagenkasten und elektromotorisch angetriebenem Nockenschaltwerk entwickelt. Der Mittelwagen war nicht angetrieben, Ähnlich gestaltete Triebzüge sollten auch auf dem Ende der 30er Jahre geplanten Münchner S-Bahn-Netz (Wechselspannung, Oberleitung) zum Einsatz kommen. Ab 1959 wurde die im Grundriß ähnliche, von MAN technisch weiterentwickelte Baureihe ET 170.1 für die Hamburger S-Bahn ausgeliefert.

Ab 1952 beschaffte die DB als erste neu erbaute Wechselstromtriebwagen nach dem Zweiten Weltkrieg sieben elegante, dreiteilige Triebzüge ET 56 (später BR 456, Achsfolge Bo'2'+2'2'+2'Bo'), die in Vielfachtraktion im Hauptbahnnahverkehr eingesetzt werden konnten. Auf ihnen aufbauend, folgten 1956 die ähnlichen 24

Über viele Jahre wurden die ET/ES 85 mit dazwischen eingestellten Personenwagen im Münchner Vorortverkehr eingesetzt

Triebzüge ET 30 (später BR 430), deren Höchstgeschwindigkeit von 90 km/h auf 120 km/h gesteigert worden war. Ab 1957 wurden sie im Nahschnellverkehr des Ruhrgebiets eingesetzt.

Für den steigungsreichen Stuttgarter Vorortverkehr, für den sich der ET 30 nicht eignete, ließ die DB einen kurzgekuppelten dreiteiligen Triebzug mit Achsfolge Bo'Bo'+2'2'+Bo'Bo' entwickeln. 1964 wurden fünf in Stahlleichtbauweise gefertigte Probezüge ET 27 mit gummigefederten Tatzlagermotoren und Scharfenbergkupplungen ausgeliefert. Bis zu drei ET 27 konnten in Mehrfachtraktion verkehren. Sie ähnelten in ihrem Grundriß dem Hamburger S-Bahn-Wagen ET 170.1, waren aber für den Betrieb mit unterschiedlichen Bahnsteighöhen ausgelegt. Zur Serienbestellung kam es nicht.

Für die projektierten neuen S-Bahn-Netze der DB wurde 1969 ein standardisierter S-Bahn-Triebzug BR 420/421 entwickelt. Die Gestaltung der Frontpartie sowie andere Details waren vom ET 27 beeinflußt. Der dreiteilige Triebzug mit Allachsantrieb, Thyristorsteuerung und Luftfederung hatte seine erste Bewährungsprobe bei den Olympischen Spielen in München im Sommer 1972, weswegen er als „Olympiazug" bezeichnet wurde. Später wurde er auch bei den S-Bahn-Netzen Rhein-Ruhr, Rhein-Main [Frankfurt (Main)] und Mittlerer Neckar (Stuttgart) eingeführt. Insbesondere bei der S-Bahn Rhein-Ruhr mit ihren langen Fahrzeiten und wenigen Zwischenhalten kam es zu Kritik an dieser Baureihe. Eine Variante der BR 420/421 für Rhein-Ruhr und Nürnberg mit antriebslosem Mittelwagen, weniger Türen und komfortablerer Innenausstattung wurde erwogen, aber nicht weiterverfolgt. Im Jahre 1977 fiel die Entscheidung zur Entwicklung eines S-Bahn-Wendezuges Rhein-Ruhr mit größerem Innenraumkomfort. Hierfür wurden S-Bahn-Personenwagen (ABx, Bx) und Steuerwagen (Bxf) entwickelt. Auch die 1987 eröffnete Nürnberger S-Bahn wird mit diesen Wendezügen betrieben.

Für die Hamburger Gleichspannungs-S-Bahn wurden ab 1974 dreiteilige Triebzüge BR 472/473 ausgeliefert, in die verschiedene Neuerungen der BR 420/421, wie Aluminium-Leichtmetallbauweise und luftgefederte Drehgestelle, einflossen. Infolge Schaltwerk-

steuerung können sie mit den älteren Triebzügen im Zugverband verkehren.

In der DDR kamen bei den ab 1969 angelegten S-Bahn-Systemen Wendezüge zum Einsatz, die von E-Loks, teilweise auch von Dieselloks, geführt wurden. Doppelstockwagen überwogen hier, zunächst in der Form mehrteiliger Gliederzüge, später auch als Einzelwagen. Ab 1973 plante die DR die Einführung vierteiliger Triebzüge der BR 280 mit einer Höchstgeschwindigkeit von 120 km/h. Das Projekt kam über Probezüge nicht hinaus.

Für die Berliner S-Bahn hatte die DR 1959 einen neuartigen Gleichspannungsprobezug ET 170 vorgestellt. Er bestand aus zwei kurzgekuppelten

Das S-Bahn-Netz Rhein-Ruhr ging 1977 auf Wendezüge mit S-Bahn-Personenwagen über. Als Lok dient eine 143 von der früheren Reichsbahn

Die allachsgetriebenen, dreiteiligen Triebzüge der Baureihe 420/421 meistern problemlos Steigungen, hier ein „Vollzug" in Frankfurt (Main)

Halbzügen, die jeweils über ein mittiges Jakobsdrehgestell verfügten (Achsfolge Bo'2'Bo'+Bo'2'Bo'). Nur die beiden äußeren Einheiten waren mit Führerständen ausgestattet. Eine Serienbestellung erfolgte nicht. Statt dessen modernisierte die DR Fahrzeuge der älteren Baureihen ET/EB 165, 166 und 167 und baute sie auf Einmannbetrieb um. Die neueren Baureihen 276 (ex 166) und 277 (ex 167) wurden ab 1974 einem weitgehenden Rekonstruktionsprogramm unterzogen, schließlich auch ein Teil der „Stadtbahner" BR 275 (ex 165).

Schließlich wurde von LEW Hennigsdorf 1980 wieder ein Prototyp eines neuen Berliner S-Bahn-Triebzuges vorgestellt. Im Gegensatz zu seinem unglücklichen Vorläufer baute der Viertelzug wieder auf der bewährten Konzeption Trieb- und Beiwagen auf. Erstmals war eine Gleichstromstellersteuerung vorgesehen worden. Die Serienlieferung der überarbeiteten BR 270 (heute 485/885) erfolgte ab 1988.

Bei der Übernahme der S-Bahn-Strecken im Westen Berlins im Jahr 1984 erhielten die Berliner Verkehrs-Betriebe (BVG) lediglich nichtrekonstruierte „Stadtbahner" (BR 275). 1986 wurde die neuentwickelte BR 480 vorgestellt. Im Unterschied zur DR-Parallelentwicklung BR 270 handelte es sich um einen allachsgetriebenen Viertelzug. Wesentliche Neuerungen waren die Drehstrom-Asynchronmotoren und die mikroprozessorgesteuerten Fahr- bzw. Bremsregler.

Die 1994 durch Vereinigung aus DB und DR entstandene Deutsche Bahn AG erteilte im November desselben Jahres einen Großauftrag über 339 Triebzüge, um den Fahrzeugpark der Wechselspannungs-S-Bahn-Systeme sowie den Regionalverkehr in den Ballungsräumen grundlegend zu modernisieren. Ende 1999 war die Bestellung auf 539 Einheiten angewachsen. Die modular aufgebaute Baureihenfamilie 423/433, 424/434, 425/435, 426 beruht auf dem Prinzip des Jakobsdrehgestelles. Dadurch können breite Übergänge zwischen den Wagenteilen hergestellt werden. Weitere Anforderungen waren betriebliche Flexibilität, Umweltfreundlichkeit sowie hohe Wirtschaftlichkeit durch geringen Energieverbrauch und niedrige Instandhaltungskosten. Bei den vierteiligen Triebzügen der BR 423/433 und 424/434 handelt es sich um S-Bahn-Züge für 960 mm bzw. 760 mm hohe Bahnsteige, bei den vier- bzw. zweiteiligen Triebzügen der BR 425/435 und 426 um Züge für den Regionalverkehr an unterschiedlich hohen Bahnsteigen. Die Fahrzeuge werden mit moderner Drehstromantriebstechnik ausgerüstet.

Die ersten Fahrzeuge der BR 423/433 wurden 1998 an das S-Bahn-Netz Mittlerer Neckar ausgeliefert und nach größeren Anlaufschwierigkeiten ab Dezember 1999 fahrplanmäßig eingesetzt. Bestellt wurden dort 33 Züge. Im April 2000 gingen im Netz Rhein-Ruhr die ersten von 24 Zügen in Betrieb. Die 144 für die Münchner S-Bahn bestellten Triebzüge der BR 423/433 sollen nach dem Ende der EXPO ab November 2000 in den Liniendienst kommen – wegen Lieferschwierigkeiten und zwischenzeitlicher Abgabe nach Hannover über ein Jahr später als ursprünglich vorgesehen. Denn die für das neue S-Bahn-Netz Hannover vorgesehenen S-Bahn-Triebzüge der BR 424/434 konnten wegen diverser Probleme nicht rechtzeitig zur EXPO-Eröffnung in Betrieb genommen werden. Es mußten daher für Hochbahnsteige ausgelegte Züge der BR 423/433 aus anderen Netzen kurzfristig aushelfen. Mittelfristig wird wohl auch das Netz Rhein-Main die BR 423/433 beschaffen.

Die für niedrige Bahnsteighöhen vorgesehene Baureihe 424/434 wird neben Hannover wahrscheinlich auch auf den S-Bahn-Netzen Dresden, Halle, Leipzig sowie auf dem projektierten S-Bahn-Netz Rhein-Neckar zum Einsatz kommen. In Leipzig erwägt man auch den Einsatz einer doppelstöckigen Variante. Beim lokbespannten Wendezug werden langfristig wohl nur die S-Bahn-Systeme Magdeburg, Nürnberg und Rostock bleiben.

Für die Hamburger Gleichspannungs-S-Bahn wurden 1994 zunächst 45, schließlich 103 dreiteilige Triebzüge der neuentwickelten BR 474/874 in Auftrag gegeben. Zwischen den kurzgekuppelten Wagen besteht keine Übergangsmöglichkeit. Zunächst 20 Triebzüge werden nun durch Einbau von Transformator, Wechselrichter und versenkbarem Dachstromabnehmer im Mittelwagen in Zweisystemfahrzeuge

Im Nürnberger Adtranz-Werk trifft die neue S-Bahn-Baureihe 423/433 (mit Jakobsdrehgestellen) auf den ICE. Das Werk wurde 2000 geschlossen

(Gleichspannung/Stromschiene und Wechselspannung/Fahrleitung) umgerüstet. Denn künftige Verlängerungsstrecken der Hamburger S-Bahn sollen nicht mehr auf Stromschienenbetrieb umgebaut werden.

Die als Tochter der DB AG ausgegliederte Berliner S-Bahn GmbH bestellte bereits 1993 eine Großserie von 500 Viertelzügen der neuen BR 481/482. Im Unterschied zu den BR 423/433, 424/434 und 474/874 werden die Wagenkästen nicht in Aluminium-Leichtmetallbauweise, sondern in konventioneller Stahlleichtbauweise gefertigt. Zwischen den kurzgekuppelten Einzelwagen eines Viertelzuges ist ein Übergang vorgesehen. Auch diese Fahrzeuge weisen Drehstromantriebstechnik und Luftfederung auf. Ein Viertelzug wurde 1996 mit zusätzlichem Dieselan-

trieb als „Duo-S-Bahn" umgebaut, doch wurde der Versuch nicht weiterverfolgt. Im Straßen- und Stadtbahnsektor ist derzeit allerdings ein wachsendes Interesse an Elektro-/Diesel-Hybridfahrzeugen zu beobachten. Verschiedene Prototypen werden bereits getestet (Nordhausen) oder sollen demnächst entstehen (Köln).

Die in den 90er Jahren unter Nutzung von elektrifizierten DB-Strecken angelegten Regionalstadtbahnsysteme Karlsruhe und Saarbrücken verwenden Gelenktriebwagen mit Zweisystem-Ausrüstung (750 V Gleichspanung und 15 kV 16 2/3 Hz Wechselspannung). Sie sind gemäß BOStrab und EBO zugelassen. Die geringere Höchstgeschwindigkeit der Stadtbahnwagen wird durch die besseren Beschleunigungs- und Bremswerte ausgeglichen.

Berlin verfügt über das älteste und größte S-Bahn-Netz Deutschlands. Es verwendet 800 V Gleichspannung. Die Stromabnahme erfolgt über eine seitliche Stromschiene. Jährlich werden rund 250 Mio. Fahrgäste befördert.

Kernstück der Berliner S-Bahn ist die 1882 eröffnete „Stadtbahn", die das Stadtgebiet auf einer Viaduktstrecke in Ost-West-Richtung durchmißt. Hinzu kommt die in den Jahren 1871/77 eröffnete Ringbahn. In den ersten Jahrzehnten wurden dampfgeführte Züge mit Abteilwagen eingesetzt. Bald zeigte sich, daß diese Traktionsart betrieblich und wirtschaftlich nicht mehr befriedigen konnte.

Bereits im Jahr 1907 arbeitete das preußische Ministerium für Öffentliche Arbeiten einen Plan zur Elektrifizierung der Stadt- und Ringbahn sowie verschiedener Vorortstrecken aus. Geplant war ein Wechselspannungsbetrieb nach Hamburger Vorbild mit Stromabnahme von einer Oberleitung. Das Vorhaben konnte erst nach dem Ende des Ersten Weltkrieges umgesetzt werden. Nun wählte man ein Betriebssystem mit 800 V Gleichspannung und seitlicher Stromschiene. Am 8. August 1924 fuhr der erste elektrische Triebzug vom Stettiner Vorortbahnhof über Gesundbrunnen, Pankow und Blankenburg nach Bernau. Die „Große Stadtbahn-Elektrisierung" war ein voller Erfolg: Mit neuen Triebzügen und kürzeren Zugabständen wurden die Kosten reduziert und viele zusätzliche Fahrgäste angelockt. Eine

Großserie von 1276 Wagen der sehr erfolgreichen Bauart „Stadtbahn" wurde in den Jahren 1928-31 beschafft.

Am 1. Dezember 1930 wurde dem „Berliner Stadt-, Ring- und Vorortverkehr" das Qualitätsmerkmal „S-Bahn" verliehen. Zum 1. Mai 1933 wurde die Wannseebahn als letzte Vorortstrecke elektrifiziert. Konsequent wurde die S-Bahn in den folgenden Jahren ins Umland verlängert. So errreichte sie 1948 Strausberg, 1951 Königs Wusterhausen, Teltow und Spandau. Als wichtiges Gegenstück zur Stadtbahnstrecke kam am 8. Oktober 1939 die Nord-Süd-Linie hinzu. Zwischen Anhalter Bahnhof und Nordbahnhof verläuft sie im Tunnel.

Während des Zweiten Weltkrieges erreichte die Berliner S-Bahn die höchsten Fahrgastzahlen ihrer Geschichte. Beim Endkampf um Berlin wurden die Streckenanlagen und Fahrzeuge schwer beschädigt. Die Decke des Nord-Süd-Tunnels wurde gesprengt und mit Wasser geflutet. Stück für Stück ging das Netz nach Kriegsende wieder in Betrieb. Im Osten demontierte die sowjetische Besatzungsmacht Gleise und beschlagnahmte zahlreiche Fahrzeuge. Mit dem Mauerbau am 13. August 1961 wurde das S-Bahn-Netz

Zwischen Friedrichstraße und Lehrter Stadtbahnhof überquerte die Berliner Stadtbahn die damalige Sektorengrenze. Aus dem Ostteil kommt am 2. Juli 1990 ein Rekozug der Baureihe 277 in neuer Reichsbahnlackierung

an zahlreichen Abschnitten unterbrochen. Nur die Stadtbahn fuhr weiterhin vom Westteil zum Bahnhof Friedrichstraße im Ostteil. Auch dort war der durchgehende S-Bahn-Verkehr unterbrochen worden. Elf Streckenabschnitte, die vom Westteil ins Umland führten, wurden stillgelegt.

Im Ostteil Berlins wurde die S-Bahn als Hauptverkehrsträger ausgebaut. So wurden 1962 Marzahn und der Flughafen Schönefeld erschlossen. Zwischen 1980 und 1985 wurden Ahrensfelde, Hohenschönhausen und Wartenberg angebunden. Im Westteil der Stadt wurde die weiterhin von der Deutschen Reichsbahn betriebene S-

Bahn von vielen Kunden boykottiert. Parallel zu ihren Strecken wurden Buslinien geführt und neue U-Bahn-Strecken angelegt. Die Reichsbahn verlor zunehmend die Lust an den Strecken im Westen und vernachlässigte deren Unterhalt. Nach dem Streik 1980 reduzierte die Reichsbahn das im Westteil Berlins gelegene Streckennetz erheblich.

Schließlich einigten sich der Senat im Westteil Berlins und die Regierung der DDR im Herbst 1983 auf die Übergabe der Betriebsführung der im Westen gelegenen Strecken. Zum 9. Januar 1984, 3 Uhr morgens, stellte die Reichsbahn den Betrieb im Westen der Stadt ein. Die Berliner Verkehrs-Betriebe (BVG) mußten die Betriebsführung der ungeliebten S-Bahn übernehmen.

Das Streckennetz schrumpfte von zuletzt 72 Kilometer auf ganze 21,2 Kilometer. Fahrzeuge, Strecken und Bahnhöfe wurden aufgearbeitet. 1985 standen wieder 71,5 Kilometer in Betrieb. Ab 1986 trafen neue Fahrzeuge ein.

Nach der deutschen Wiedervereinigung ging der Betrieb wieder auf die Deutsche Reichsbahn über. Als 100prozentiges Tochterunternehmen der DB AG wurde 1995 die S-Bahn Berlin GmbH gegründet. Beginnend mit dem Abschnitt Wannsee – Potsdam am 1. April 1992, wurden in den folgenden Jahren zahlreiche Lücken geschlossen. 1998 wurden allein 21,4 Kilometer S-Bahn-Strecken in Betrieb genommen. Die historische Stadtbahnstrecke zwischen Zoologischer Garten und Ostbahnhof wurde grundlegend modernisiert und konnte 1996 dem Betrieb übergeben werden. Nun steht noch die Schließung des Nordringes zwischen Westhafen, Gesundbrunnen und Schönhauser Allee bis 2002 aus. Außerdem sollen 2001 eine Neubaustrecke von Wartenberg zur Sellheimbrücke und 2002 die Wiedereröffnung des Abschnittes Spandau – Falkensee hinzukommen. Dann würden wieder stolze 338,2 km befahren werden. Darüber hinaus sind zusätzliche Erweiterungen vorgesehen. Manche von der Deutschen Reichsbahn

aufgegebene Abschnitte, wie z. B. der Ast nach Siemensstadt, haben allerdings keine Zukunft mehr.

Seit 1996 werden 500 Viertelzüge der neuen Baureihe 481/482 ausgeliefert. Ihre Verfügbarkeitsrate liegt bei 92 Prozent. Zur Jahresmitte 2000 waren bereits zwei Drittel des Wagenparks jünger als acht Jahre. Die Rollmaterialerneuerung wird sich bis 2004 hinziehen. Dann werden alle Altbauzüge ausgemustert sein. Die Investitionssumme beträgt nicht weniger als 2,1 Milliarden DM. Im Jahr 1999 betrug die Streckenlänge 321 km. Auf 13 S-Bahn-Linien waren im Vorjahr 280 Mio. Fahrgäste befördert worden. Für das Jahr 2000 rechnet die Berliner S-Bahn GmbH mit einem erneuten Anstieg um 10 Mio. Fahrgäste. Die Pünktlichkeitsrate der S-Bahn lag im Jahr 2000 bei stolzen 97,6 Prozent. Für den Betrieb stand 1999 eine Flotte von 777 Viertelzügen zur Verfügung.

Der originale Innenraum eines „Stadtbahners" (3. Wagenklasse)

Alt und neu trifft sich am 7. August 1999 beim Jubiläum „75 Jahre elektrische Berliner S-Bahn" im Bahnhof Westkreuz: links ein „Stadtbahner" (Baureihe 475/875, früher 275), rechts die neueste Baureihe 481/482 (oben). Die Serienzüge der BR 480 laufen seit 1990 auf Berliner Gleisen. Sie erhielten auf Wunsch der Bevölkerung ihre traditionellen Berliner S-Bahn-Farben (unten)

Die „Stadtbahner" sind die klassischen Berliner S-Bahn-Fahrzeuge. Zwischen 1928 und 1931 erbaut, wurden sie 70 Jahre lang in Viertel-, Halb-, Dreiviertel- und Vollzügen eingesetzt. Am 21. Dezember 1997 wurden die letzten Vertreter feierlich verabschiedet.

Nach Lieferung von vier Prototyp-Viertelzügen wurden 638 Viertelzüge bei sechs Herstellern bestellt. Sie erhielten vierstellige Nummern, später wurden sie als ET/ES/EB 165, als BR 275, schließlich als BR 475/875 bezeichnet. Zunächst wurden kurz gekuppelte Viertelzüge, bestehend aus Trieb- und Steuerwagen, beschafft. Später ging man zu Trieb- und Beiwagen über, da nun Halbzüge als kleinste betriebliche Einheit eingesetzt wurden. Für die Wannseebahn wurden 51 Viertelzüge mit versenkten Nieten nachgeliefert (ET/EB 165.8, spätere BR 275.9 bzw. 276). Bei der S-Bahn-Berlin GmbH sind noch folgende Viertelzüge in unterschiedlichen Betriebszuständen vorhanden: 2303/5447, 3662/6121, ET/ES 165 231, ET/EB 165 471, 275 959/954, 475/875 005, 475/875 605.

Der selbsttragende Wagenkasten ist in genieteter Stahlbauweise erstellt. Pro Wagen und Seite sind vier in Taschen laufende, hölzerne Doppelschiebetüren von 1200 mm lichter Weite eingebaut. Zur Anfangsausstattung gehörte bereits eine elektropneumatische Türschließvorrichtung. Innen finden sich Holzsitze (Quersitze 2+2 in Abteilform bzw. Längsbänke). Ursprünglich wurde auch eine 2. Klasse angeboten, auf die ein blaues Fensterband hinwies. Die aus Preßblech gefertigten Drehgestelle haben sich sehr bewährt. Die Fahrzeuge sind mit halbautomatischen Scharfenbergkupplungen ausgerüstet. Im Lauf der Jahre wurden zahlreiche Umbauten vorgenommen. So wurden zahlreiche Fahrzeuge in den 60er Jahren auf Einmannbetrieb umgebaut. Dabei wurden die charakteristischen Dachlaternen durch Schlußlampen ersetzt. Zwischen 1979 und 1989 ließ die DR zahlreiche Triebzüge rekonstruieren (neue BR 276, heute 476/876, siehe S. 96). Von 1962-75 und 1986-88

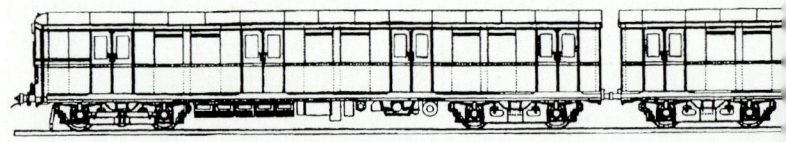

wurden zahlreiche „Stadtbahner" in U-Bahn-Wagen des Typs EIII (Großprofil) umgebaut. Die BVG ließ 95 der von der DR übernommenen Viertelzüge zwischen 1984-87 bei der Waggon-Union modernisieren.

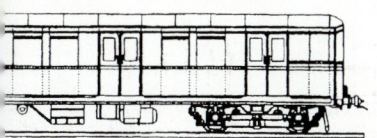 Die E-Ausrüstung wurde von AEG und Siemens geliefert. Pro Triebdrehgestell sind zwei eigenbelüftete Tatzlagermotoren eingebaut. Das Nockenschaltwerk wird über eine selbsttätige, elektropneumatische Steuerung bedient. Es besitzt zwölf An-

fahr- und eine Dauerfahrstufe. Die gewünschte Beschleunigung (maximal 0,5 m/s²) kann vorgewählt werden. Abweichend verfügen die Wannseebahnwagen über einen elektromotorischen Schaltwerkantrieb. Die Höchstgeschwindigkeit beträgt 80 km/h. Neben der elektropneumatischen Bremse ist eine Einkammer-Druckluftbremse vorhanden.

Technische Daten

Radsatzfolge	Bo'Bo'+2'2'
Länge ü.K.	35,46 m
Breite	3,00 m
Radstand	2,50 m
Drehgestellmittenabstand	11,80 m
Eigenmasse	65,5 t
Sitzplätze	115-127
Motorleistung	4 x 90 kW (800 V =)
Baujahre	1928-31

Nach erfolgreicher Rekonstruktion jüngerer Baureihen ließ die Deutsche Reichsbahn auch „Stadtbahner" entsprechend modernisieren. Die Rekowagen wurden zunächst als BR 276, später als BR 476/876 bezeichnet. Sie überlebten ihre nicht modernisierten Brüder um mehr als drei Jahre.

Zwischen 1979 und 1989 wurden 188 Trieb- und 189 Beiwagen der Baureihe 275 beim Reichsbahnausbesserungswerk Berlin-Schöneweide grundlegend modernisiert. Der rechteckige Grundriß des Wagenkastens verlieh den Fahrzeugen ein etwas plumpes Aussehen. Am 4. Juli 2000 wurden die letzten bei der S-Bahn Berlin GmbH eingesetzten Züge der BR 476/876 aus dem fahrplanmäßigen Betrieb verabschiedet. Als historische Garnitur wird ein Viertelzug nicht betriebsfähig erhalten bleiben.

Die Triebwagen erhielten eine neue, flache Front in geschweißter Bauweise. Der Führerstand wurde vergrößert. Statt der früheren drei sind zwei große, in Gummizüge eingefaßte Stirnfenster eingebaut. Der Zielkasten ist nun hinter einem der beiden Stirnfenster angeordnet. Die Stirnleuchten wurden nach unten versetzt. Seitlich wurden anstelle der Schiebefenster fest eingebaute Fenster mit großer Lüftungsklappe angebracht. Ansonsten blieb der Wagenkasten unverändert. Der Grundriß der Inneneinrichtung wurde verändert und modernisiert. Die Sitze wurden mit Polster ausgestattet. An den Scharfenbergkupplungen wurden elektrische Aufsätze angebracht, so daß die Fahrzeuge mit den modernisierten Triebzügen der BR 277 (siehe S. 98) im Zugverband laufen konnten. Wegen des unterschiedlichen Anfahrverhaltens beider Baureihen kam diese Zusammenstellung im Regelbetrieb aber nicht vor.

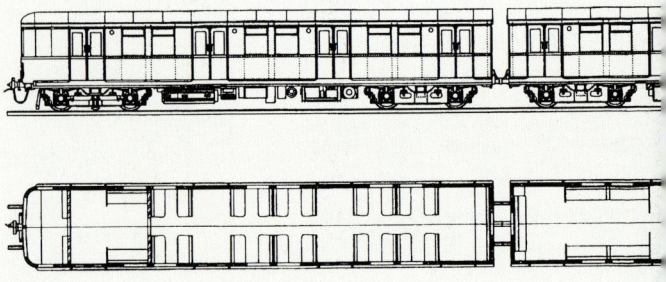

Die E-Ausrüstung wurde erneuert und an den Standard der rekonstruierten Baureihe 277 angepaßt. Die ursprünglichen Fahrmotoren wurden weiterverwendet. Bei einem Teil der Triebzüge wurde die elektrisch angesteuerte Einkammer-Druckluftbremse nach 1990 durch eine mehrlösige Knorr-Einheitsdruckluftbremse ersetzt.

Die Triebzüge mit alter Bremse wurden in die Nummerngruppe 476/876.001ff., die Triebzüge mit neuer Bremse in die Nummerngruppe 476/876.301ff. eingereiht.

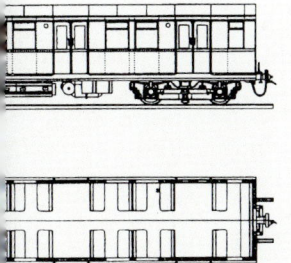

Technische Daten

Radsatzfolge	Bo'Bo'+2'2'
Länge ü.K.	35,46 m
Breite	3,00 m
Radstand	2,50 m
Drehgestellmittenabstand	11,80 m
Eigenmasse	65,5 t
Motorleistung	4 x 90 kW (800 V =)
Umbaujahr	1979-89

Die eleganten Triebzüge der BR 276 bzw. 277 aus den Jahren 1934/42 wurden im Raw Schöneweide grundlegend modernisiert und danach einheitlich als BR 277 bezeichnet. Noch einige Jahre werde die Fahrzeuge auf dem Netz der Berliner S-Bahn zu sehen sein.

In das Umbauprogramm wurden verschiedene Fahrzeugtypen einbezogen: die ursprünglich für 120 km/h Höchstgeschwindigkeit ausgelegten „Bankierzüge" von 1934/38, die „Olympiazüge" von 1936 und einige von der Werkbahn Peenemünde übernommenen Triebzüge von 1941/42 (als ET/EB 125, 166 sowie 167, dann als 166 bezeichnet, alle später in der Baureihe 276 zusammengefaßt) sowie die „Nordsüdbahnzüge" von 1937/41 (ET/EB 167, spätere BR 277). Fast alle Vertreter der Baureihe 276 und 277 wurden rekonstruiert und nun einheitlich als BR 277 bezeichnet. Die letzten nicht modernisierten Züge wurden 1991 von der Deutschen Reichsbahn ausgemustert. Zwei Viertelzüge wurden vom Verein Historische S-Bahn

e. V. gekauft und nicht be-triebsfähig instandgesetzt. Die S-Bahn Berlin GmbH will in Zusammenarbeit mit dem Verein den Viertelzug 277 003/004 in den Ablieferungszustand des Jahres 1938 rückbauen. Der Viertelzug 277 087/088 soll in den Zustand der späten 60er Jahre versetzt werden.

Die Inneneinrichtung der meisten „Nordsüdbahnzüge" (BR 277) wurde bereits in den 60er Jahren durchgreifend modernisiert. Dabei kamen Leuchtstoffröhren und gepolsterte Sitze zum Einbau. Gleichzeitig wurden alle Triebzüge auf Einmannbetrieb umgerüstet und mit einer Sicherheitsfahrschaltung ausgestattet. Von 1974-82 erhielten sie neue Drehgestelle, veränderte zwei- statt dreifenstrige Stirnfron-

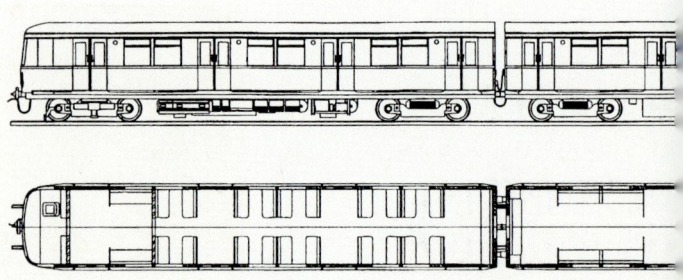

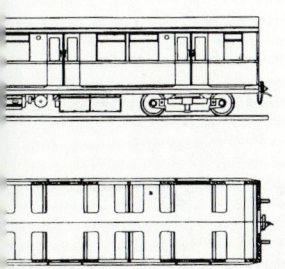

ten, fest eingebaute Fenster mit großer Lüftungsklappe anstelle der Schiebefenster, sowie eine veränderte Innenraumaufteilung mit Traglastenabteilen im Trieb- und Beiwagen. Die meisten Bankier-, Olympia- und Peenemünder Züge wurden im gleichen Zeitraum den modernisierten Zügen der BR 277 angeglichen.

Bei den Bankier- und Olympiazügen wurden die bei den jüngeren Triebzügen bereits vorhandenen elektrischen Kupplungsköpfe nachgerüstet. Auch erhielten diejenigen Triebzüge, die abweichend über elektropneumatische Steuerungen verfügten, elektromotorisch angetriebene Schaltwerke im Tausch aus „Wannseebahnwagen".

Technische Daten

Radsatzfolge	Bo'Bo'+2'2'
Länge ü.K.	35,46 m
Breite	3,00 m
Radstand	2,50 m
Drehgestellmittenabstand	11,80 m
Eigenmasse	68,2 t
Motorleistung	4 x 90 kW (800 V =)
Umbaujahr	1974-82

Mit der Baureihe 270 leitete die Deutsche Reichsbahn ab 1987 die Modernisierung des überalterten S-Bahn-Wagenparks ein. Die formschönen Trieb- und Beiwagen fallen durch die abweichende Lackierung in Rubinrot/Anthrazit auf.

1980 wurde auf der Leipziger Frühjahrsmesse ein Probezug der neuen BR 270 von LEW Hennigsdorf vorgestellt. Die aus acht Viertelzügen bestehende Nullserie wurden 1987 abgeliefert, die Serienfahrzeuge folgten ab 1990. Die heute als BR 485/885 bezeichneten Fahrzeuge tragen die Nummern 485/885 005-170.

Das Fahrzeugkonzept orientiert sich am Berliner Standard: Kleinste Einheit ist der aus einem kurz gekuppelten Trieb- und Beiwagen bestehende Viertelzug. Er entspricht den Hauptabmessungen der Altbaufahrzeuge. Der Wagenkasten ist in selbsttragender Aluminiumleichtbauweise unter Verwendung von Großstrangpreßprofilen gefertigt. Die zweifenstrige

Stirnfront ist nach oben und unten abgeschrägt, was den Fahrzeugen ein elegantes Aussehen verleiht. Linie und Fahrtziel wurden zunächst über Rollband angezeigt (heute mittels Matrixanzeiger). Stirn- und Schlußleuchten sind paarweise zusammengefaßt. Pro Wagen und Seite sind vier Türen vorgesehen. Die außenlaufenden Doppelschiebetüren werden über Druckknöpfe betätigt. Der Führerstand ist vom Fahrgastraum abgetrennt und durch eine Durchgangstür erreichbar. Innen finden sich Abteilquersitze mit Kunstlederbezügen in der Anordnung 2+2 sowie Längssitze. Durchgehende Leuchtbänder schaffen eine helle, freundliche Innenatmosphäre. Die weitgehend identischen Trieb- und Laufdrehgestelle mit H-förmigem Rahmen

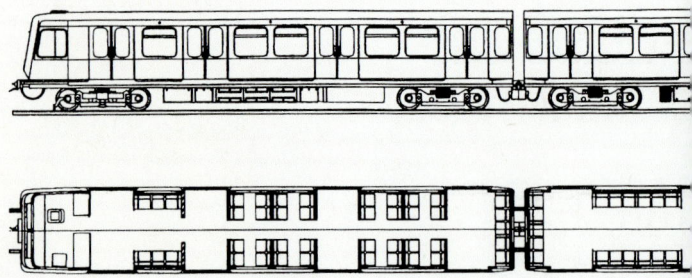

sind in geschweißter Stahlleichtbauweise erstellt. Sie sind von den für die BR 277 entwickelten Drehgestellen abgeleitet. Pro Drehgestell sind zwei querliegende Tatzlagermotoren eingebaut. Der Wagenkasten stützt sich über Flexicoilfedern auf den Drehgestellen ab. Ein Modernisierungsprogramm ist angelaufen, geplant ist darüber hinaus ein Redesignprogramm.

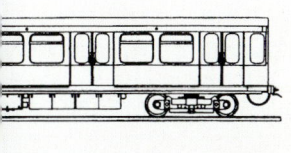 Erstmals wurde bei der Berliner S-Bahn eine Baureihe mit einer Thyristor-Gleichstromstellersteuerung ausgerüstet. Die gesamte Antriebsausrüstung ist unter dem Wagenboden an-

geordnet. Infolge Nutzbremse und Leichtmetallbauweise konnte der Energieverbrauch gegenüber den Altbauwagen um 30 Prozent reduziert werden. Die Fahrzeuge besitzen eine elektronische Schleuder- und Gleitschutzeinrichtung. Wegen der – nur bei dieser Baureihe vorhandenen – durchgehenden Starkstromleitung können die Fahrzeuge nicht auf dem gesamten S-Bahn-Netz verkehren. Neben der kombinierten Nutz- und Widerstandsbremse sind eine elektropneumatisch bediente Scheibenbremse als Ergänzungs- sowie eine Federspeicherbremse als Feststellbremse vorhanden.

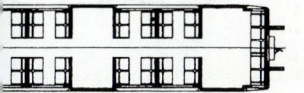

Technische Daten

Radsatzfolge	Bo'Bo'+2'2'
Länge ü.K.	36,80 m
Breite	3,00 m
Radstand	2,20 m
Drehgestellmittenabstand	12,10 m
Eigenmasse	59,0 t
Sitzplätze	94
Motorleistung	4 x 150 kW (800 V =)
Baujahre	1987ff.

Für das 1984 abgetrennte S-Bahn-Netz im Westteil der Stadt entwickelten die Waggon-Union, AEG und Siemens einen neuen Triebzug. Besonderer Wert wurde dabei auf die Reduzierung der Anschaffungs-, Betriebs- und Instandhaltungskosten sowie die Steigerung der Kundenattraktivität gelegt.

1986/87 wurden vier Prototypen mit den Nr. 480 001/501 – 004/504 an die BVG geliefert, die damals die S-Bahn im Westteil der Stadt betrieb. Nach ausführlicher Erprobung folgte zwischen 1990 und 1992 die aus 41 Doppeltriebwagen bestehende Serie. Die ursprünglich vorgesehene kristallblaue Lackierung wurde nach massiven Protesten durch das traditionelle Rot/Gelb ersetzt. Weitere 40 Doppeltriebwagen wurden von 1993-95 von der DR bzw. DB AG beschafft. Die Serienfahrzeuge tragen die Nr. 480 005/505-085/585.

Kleinste Einheit ist der aus zwei baugleichen, kurzgekuppelten Wagen bestehende „Viertelzug". Im Unterschied zu den Altbaufahrzeugen sind alle Achsen motorisiert. Das Fahrzeug ist in Stahlleichtbauweise unter Verwendung von rostfreiem Edelstahl erstellt. Die eigenwillig gestalteten Fronten verfügen über eine Knautschzone. Sowohl die Zugzieleinrichtungen als auch die Scheinwerfer wurden hinter den Frontfenstern angeordnet. Im Unterschied zu den Altbaufahrzeugen sind pro Einzelwagen drei statt vier Doppeltüren eingebaut. Die Außenschwenkschiebetüren mit 1300 mm lichter Weite werden elektromechanisch bedient. Im Innenraum sind Abteilquersitze (2+2) eingebaut. An den kurz gekuppelten Wagenenden finden sich Mehrzweckabteile mit Quersitzen auf einer Seite. Der mit einer Trennwand abgeteilte Führerstand ist klimatisiert. Die Bedienelemente sind übersichtlich in einem Halbkreis angeordnet. In einem Display werden dem Triebfahrzeugführer Störungen angezeigt. Die Drehgestelle

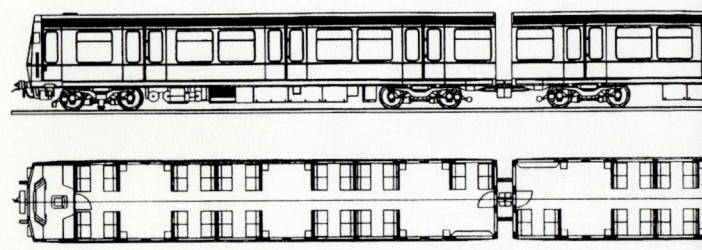

bestehen aus einem verwindungsweichen, H-förmigen Rahmen. Federblattlenker führen verschleißfrei die Radsätze.

Pro Drehgestell sind zwei quer liegende, voll abgefederte Drehstrom-Asynchronmotoren von besonders leichter Bauart eingebaut. Der Umrichter besteht aus Gleichstromsteller und Phasenfolge-Wechselrichter.

Die Fahr-/Bremssteuerung ist mikroprozessorgeregelt. Gegenüber den Altbaufahrzeugen wurde die Höchstgeschwindigkeit von 80 km/h auf 100 km/h gesteigert. Neben der kombinierten Nutz- und Widerstandsbremse sind die Druckluft-Schreibbremse sowie als Anhaltebremse die Federspeicherbremse am kurz gekuppelten Wagenende vorhanden.

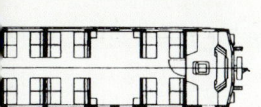

Technische Daten

Radsatzfolge	Bo'Bo'+Bo'Bo'
Länge ü.K.	36,80 m
Breite	3,00 m
Radstand	2,20 m
Drehgestellmittenabstand	12,10 m
Eigenmasse	61,0 t
Sitzplätze	96
Motorleistung	8 x 90 kW (800 V =)
Baujahre	1986/87, 90-94

Bis zum Jahr 2004 sollen 500 Doppeltriebwagen der neuen Baureihe 481/482 ausgeliefert werden. Modularer Aufbau, zeitgemäßes neues Design sowie Reduzierung von Energieverbrauch und Wartungsaufwand standen bei der Neuentwicklung im Vordergrund.

Das Fahrzeug wurde von der DWA (heute Bombardier) und Adtranz entwickelt. Kleinste Einheit ist der aus zwei kurz gekuppelten Wagen bestehende Viertelzug. Erstmals wurde ein Übergang zwischen den beiden Einzelwagen geschaffen. Da nur auf einer Wagenseite ein Führerstand vorgesehen wurde (zuzüglich Rangierführerstand in den führerstandslosen Wagen), ist die kleinste betrieblich einsetzbare Einheit der Halbzug (zwei Viertelzüge). Die Fahrzeuge erhalten die Nummern 481/482 001-500.

Wie bei der BR 480 ist der Wagenkasten in Stahlleichtbauweise hergestellt. Das Fahrzeugdesign wird von der großen, sphärisch gekrümmten Frontscheibe geprägt, die in einer Frontmaske aus GFK lagert. Die neu entwickelten Drehgestelle erhielten ra-

dial einstellbare Radsätze. Damit wird der Verschleiß an Rad und Schiene vermindert. Die Primärfederung erfolgt über Gummi, die Sekundärfederung über Gummi und Luft. Eine Stoßverzehreinrichtung ermöglicht ein Auffahren mit bis zu 15 km/h auf einen stehenden Zug, ohne daß Schäden auftreten. Wie bei der BR 480 sind pro Wagen und Seite drei Doppelschwenkschiebetüren eingebaut. Die Einstiege hinter dem Führerstand sind mit Klapprampen ausgerüstet. Das Beleuchtungskonzept strukturiert den Wagen in Einstiegs- und Aufenthaltsräume. Bei der Innenraumgestaltung wurde auf Großzügigkeit und Sicherheitsgefühl Wert gelegt. Erstmals wurden zwischen den Wagen eines Viertelzuges Übergänge vorgesehen. Auch ist die Zwischenwand zum klimatisierten Führerraum transparent ausgeführt. Bevor-

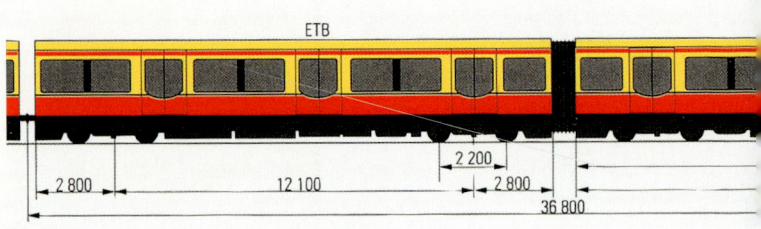

zugt wurden Abteilquersitze (2+2) eingebaut, in einem Wagenteil auch ein Mehrzweckabteil mit Abstellraum und Längssitzen. Sowohl das Bordinformationssystem als auch das Heizungs- und Lüftungssystem wurden verbessert. Ein Display am Führerpult signalisiert dem Triebfahrzeugführer wichtige Informations- und Diagnosedaten.

Wie bei der BR 480 kamen eigenbelüftete Drehstrom-Asynchronmotoren mit frequenzgesteuertem Pulswechselrichter zum Einbau. Durch die Reduzierung der angetriebenen Achsen von acht auf sechs und die Rückspeisung von Bremsenergie wird der Energieverbauch erheblich reduziert. Die Höchstgeschwindigkeit beträgt 100 km/h. Wie bei der BR 480 sind die kombinierte Nutz- und Widerstandsbremse sowie eine elektropneumatische Bremse vorhanden. Bei Zugtrennung löst eine elektrische Sicherheitsschleife die Notbremsung aus.

Technische Daten

Radsatzfolge	Bo'Bo'+2'Bo'
Länge ü.K.	36,80 m
Breite	3,00 m
Radstand	2,20 m
Drehgestellmittenabstand	12,10 m
Eigenmasse	59,0 t
Sitzplätze	94
Motorleistung	6 x 100 kW (750 V =)
Baujahre	1997ff.

Für Ausflugs- und Besichtigungsfahrten gab die Berliner S-Bahn GmbH im Jahr 1996 bei der Hauptwerkstätte Schöneweide einen Panorama-Triebzug in Auftrag. Das Fahrzeug entstand auf der Basis vorhandener S-Bahn-Wagen der Baujahre 1943 bzw. 1958.

Als Grundlage der „Panorama-S-Bahn" dienten zwei zur Hauptuntersuchung vorgesehene Viertelzüge der Baureihe 477/877 (siehe S. 98). Der neukonstruierte Triebzug besteht aus zwei Triebwagen und einem in der Mitte angeordneten Beiwagen. Diese Zusammenstellung hatte es zuvor bei der Berliner S-Bahn nur bei einem Gerätezug gegeben. Neu waren auch die faltenbalgverkleideten Übergänge zwischen den Einzelwagen. Zum 75. Geburtstag der Berliner S-Bahn wurde das Fahrzeug am 6. August 1999 der Öffentlichkeit vorgestellt. Es kommt ausschließlich im Sonderverkehr zum Einsatz.

Während die Trieb- und Laufdrehgestelle unverändert übernommen wurden, wurden die Wagenkästen in Stahlbauweise neu erstellt. Entsprechend dem Vorläuferzug ist der Beiwa-gen um 350 mm länger als der Triebwagen. Die Fronten sind dem ursprünglichen Aussehen der Baureihe 477 nachempfunden. Wegen der Bestimmung als Ausflugsfahrzeug wurde pro Einzelwagen nur noch eine doppelflügelige, elektrisch angetriebene Schwenkschiebetür mit einer lichten Weite von 1155 mm eingebaut. Große, in den Dachbereich hinein gezogene Seitenfenster sorgen für einen guten Ausblick. Die Scheiben aus Sicherheitsglas sind in Aluminiumrahmen befestigt und in die Seitenwand eingeklebt. Im Innenraum wurden gepolsterte Quersitze mit Armlehnen und Kopfhöreranlage eingebaut, die in Fahrtrichtung drehbar sind. Stehplätze sind nichtg mehr ausgewiesen. Der Fahrzeugboden ist mit Teppichboden ausgelegt. In den beiden Triebwagen wurden sie in der Anordnung 2+1, im

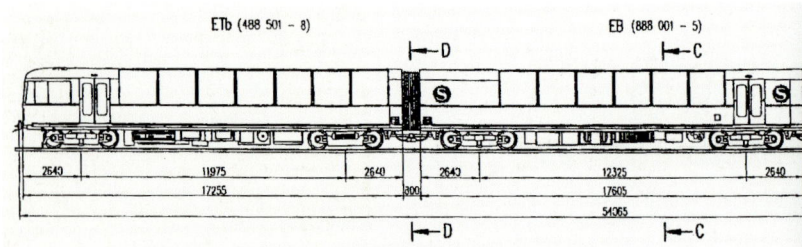

Mittelwagen in der Anordnung 1+1 vorgesehen. Im Mittelwagen wurden eine Bar für Getränke und kleine Speisen sowie eine behindertengerechte Toilette eingebaut. Jeder Wagen wurde mit einer Klimaanlage ausgestattet. Die Führerstände wurden neu gestaltet. Vom Fahrgastraum sind sie durch Glastrennwände abgetrennt. Dadurch wird eine freie Sicht auf die Strecke ermöglicht. Der Zug ist in den gewohnten S-Bahn-Farben gehalten. Die auch unterhalb der Fensterbrüstung in Ocker lackierten Türen weichen allerdings von der Norm ab.

Die Antriebsanlage wurde unverändert übernommen. Die Höchstgeschwindigkeit beträgt 80 km/h. Zur Hilfsbetriebeversorgung wurde ein neuer statischer Umrichter eingebaut, der Gleichstrom (540 V für Batterieladegeräte bzw. 24 V für die speicherprogrammierbare Hilfsbetriebesteuerung, die Multi-Media-Anlage und den Betriebsfunk), 230 V Wechselstrom (für Luftbehandlungsanlage, Multi-Media-Anlage und Bar) sowie 400 V Drehstrom für die Klimaanlage bereitstellt.

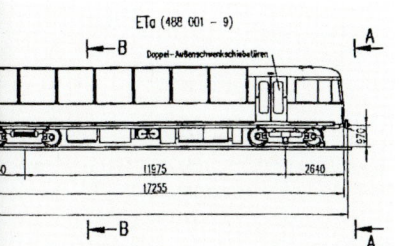

Technische Daten

Radsatzfolge	Bo'Bo'+2'2'+Bo'Bo'
Länge ü.K.	54,07 m
Breite	3,00 m
Radstand im Drehgestell	2,50 m
Drehgestellmittenabstand (ET)	11,98 m
Drehgestellmittenabstand (EB)	12,33 m
Eigenmasse	125,4 t
Sitzplätze	65
Stundenleistung	8 x 90 kW (750 V=)
Baujahre	1997-99

Die Hamburger S-Bahn

Die 1907 eröffnete Hamburger S-Bahn verkehrte ursprünglich mit Wechselspannung und Oberleitung. Zwischen 1940 und 1955 wurde der Betrieb schrittweise auf 1200 V Gleichspannung mit Stromzuführung über seitliche Stromschiene umgestellt.

Die Verbindungsbahn zwischen dem Endbahnhof der Berliner Bahn in Hamburg und dem Endbahnhof der Kieler Bahn in Altona wurde 1898 viergleisig ausgebaut. Damit wurden der Nah- und Fernverkehr getrennt. Im Jahr 1904 beschloß die Preußische Staatsbahnverwaltung, die Verbindungsstrecke Hamburg – Altona sowie verschiedene Vorortstrecken zu elektrifizieren. Die Wahl fiel auf 6,3 kV, 25 Hz Wechselspannung. Am 1. Oktober 1907 wurde der erste elektrifizierte Abschnitt zwischen Ohlsdorf, Barmbek, dem 1906 fertiggestellten Hamburg Hauptbahnhof, Altona und Blankenese eröffnet. Die Streckenlänge betrug 26,6 km. Durch Einbeziehung der Alstertalbahn zwischen Ohlsdorf und Poppenbüttel wurde das Netz 1924 auf 32,5 km ausgedehnt.

Im Rahmen der Verkehrsplanung für den Großraum Hamburg beschloß die Deutsche Reichsbahn im Jahr 1938, nach dem Vorbild Berlins auf Gleichspannung mit Stromabnahme über seitliche Stromschiene überzugehen. Man entschied sich allerdings für eine höhere Spannung (1200 statt 800 V =). Auch wird die Stromschiene nicht von unten, sondern seitlich bestrichen. Der Umbau begann im Jahr 1938. Am 22. April 1940 fuhr der erste Zug im Gleichspannungsbetrieb. Der Mischbetrieb beider Systeme zog sich bis 1955 hin. Nach dem Zweiten Weltkrieg wurden weitere Strecken elektrifiziert: Blankenese – Sülldorf – Wedel (1950/54), Berliner Tor – Bergedorf (1958), Holstenstraße – Langenfelde – Pinneberg (1962/67), Bergedorf – Aumühle (1969).

Südlich der bestehenden Verbindungsbahn wurde in den 70er Jahren eine zweite, unteriridische Verbindungsbahn angelegt. 1975 wurde das erste Stück der „City-S-Bahn" zwischen Hauptbahnhof und Jungfernstieg eröffnet, 1979 der restliche Abschnitt. Sie wurde gebaut, um die Tangentiallage der S-Bahn zu überwinden, deren historische Strecke am Stadtzentrum vorbeifuhr. Über ein kurzes Verbindungsstück wurde 1981 die Pinneberger Strecke in die City-S-Bahn eingefädelt. 1983 wurden die beiden Elbarme auf großen Brücken überquert und Harburg mit einer unteriridischen Strecke an das S-Bahn-Netz angebunden. Ein Jahr später wurde diese Strecke bis Neugraben ausgedehnt.

1997 wurde die S-Bahn Hamburg GmbH als 100prozentige Tochter der DB AG gegründet. 1999 wurde ein 110 km langes Streckennetz mit 179 Triebzügen bedient. 160 Mio. Fahrgäste wurden in diesem Jahr befördert. Be-

Ein S-Bahn-Zug fährt auf der Verbindungsbahn zwischen Hamburg Hbf und Altona über die Binnenalster. Triebzüge der Baureihe 474/874 werden künftig auch im Zweisystembetrieb (Stromschiene/Oberleitung) verkehren

trieben werden heute die Linien S1, S2 und S3 (über City-S-Bahn) und S11, S21, S31 (über die alte Verbindungsbahn zwischen Hauptbahnhof und Altona). Im Jahr 2000 wurde die 1. Wagenklasse abgeschafft.

Beschlossen ist der Bau der überwiegend im Tunnel verlaufenden Flughafen-S-Bahn-Strecke von Ohlsdorf nach Fuhlsbüttel (3,4 km), der 2005 in Betrieb gehen soll. Wahrscheinlich wird es der letzte Neubauabschnitt mit Stromschienenbetrieb sein. Denn bei künftigen Streckenerweiterungen wird man die bestehende Oberleitung nutzen. Zunächst werden 20 Triebzüge der Baureihe 474/874 für die Verlängerung von Neugraben nach Buxtehude (2003, ggf. weiter nach Stade) auf Zweisystembetrieb (Gleichspannung/Stromschiene und Wechselspannung/Oberleitung) umgerüstet. Mittel- bis langfristig sind u. a. folgende Verlängerungen vorgesehen: Pinneberg – Elmshorn, Hamburg Hauptbahnhof – Ahrensburg sowie Eidelstedt – Burgwedel (auf den Gleisen der nicht elektrifizierten AKN Eisenbahn AG).

Der dreiteilige Triebzug besteht aus zwei angetriebenen Endwagen und einem nicht angetriebenen Mittelwagen. Erbaut von 1939-43, wurde zwischen 1954 und 1958 noch einmal eine Serie aufgelegt. Zahlreiche Fahrzeuge sind bereits ausgemustert.

Der Triebzug wurde von LHB entwickelt. Mit 62,52 m Länge war der dreiteilige Triebzug etwa so lang wie ein vierteiliger Berliner Halbzug. Bis zu drei Triebzüge können im Zugverband eingesetzt werden. Mit der Herstellung wurden LHB, nach dem Krieg MAN und Wegmann beauftragt. Bis 1968 wurden die Triebzüge als ET/EM 171 bezeichnet. Sie sind in die Nummernreihe 471 101/871 001/471 401 – 471 186/871 086/471 486 eingereiht. Ein Teil der Fahrzeuge behielt die Lackierung Dunkelblau (Triebwagen) bzw. Creme (Mittelwagen mit 1. Klasse); die Mehrzahl erhielt den ozeanblau/beigen Anstrich. Am 24. Juli 2000 wurden alle klotzgebremsten Triebzüge abgestellt, nur die Einheiten 062 und 085 mit Scheibenbremsen blieben im Einsatz. Als historischer Zug ist die Einheit 471 082 / 871 082 (ex 074) / 471 482 vorgesehen.

Der stählerne Wagenkasten ist komplett geschweißt. Der Wellblechfußboden ist in die tragende Konstruktion einbezogen. Zwischen den kurz gekuppelten Wagen sind keine Übergänge vorgesehen. Pro Wagen und Seite sind vier in Taschen laufende Doppelschiebetüren aus Holz eingebaut. Sie können elektropneumatisch geschlossen werden. Die Drehgestelle mit genieteten Rahmen sind aus Blechträgern gefertigt. Die Zugbildung erfolgt über automatische Scharfenbergkupplungen. Bei der Gestaltung des Innenraumes diente der Berliner ET/EB 166 als Vorbild. Es finden sich Abteile mit Abteilquersitzen (2+2) sowie hinter den Führerständen Traglastenabteile mit Längsbänken. Der Fahrzeugführer erreicht den Führerstand vom Wageninneren. Von 1985-87 wurden 22 Züge im Aw Stuttgart-Bad Cannstadt grundüberholt. Dabei wurden die Langträger und Seitenbleche saniert. Außerdem wurden einzeln eingefaßte Stirnfenster, getrennte Stirn- und Schlußleuchten, Metallschie-

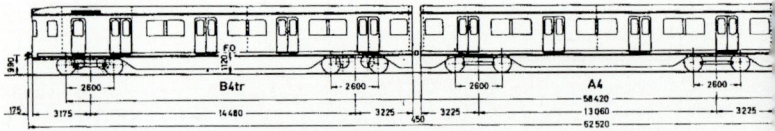

betüren sowie isolierverglaste Seitenscheiben mit Lüftungsklappe und
Gummizug eingebaut.

Die von BBC gelieferte elektrische
Ausrüstung orientiert sich an den
zeitgenössischen Zügen der Berliner
S-Bahn. Die Triebzüge verfügen über
ein elektromotorisch angetriebenes
Nockenschalterk. Die elektrischen Aggregate und die Druckluftanlage sind in
durchgehenden, staubdicht abgeschlossenen Bodenwannen zwischen
den Drehgestellen untergebracht. Pro
Triebdrehgestell sind zwei eigenbelüftete Tatzlagermotoren eingebaut. Die

Triebzüge erreichen eine Höchstgeschwindigkeit von 80 km/h und eine
maximale Anfahrbeschleunigung von
0,95 m/s². Ergänzend zur Widerstandsbremse wird die elektrisch angesteuerte Druckluftbremse verwendet.
Bei den aufgearbeiteten 22 Triebzügen
wurden Motoren, Verkabelung und
Fahrschalter im Bw Hamburg-Ohlsdorf
überholt.

Technische Daten

Radsatzfolge	Bo'Bo'+2'2'+Bo'Bo'
Länge ü.K.	62,52 m
Breite	2,90 m
Radstand	2,60 m
Drehgestellmittenabst. (Endw.)	14,48 m
Drehgestellmittenabst. (Mittelw.)	13,06 m
Eigenmasse	130 t
Sitzplätze	202
Motorleistung	8 x 145 kW (1200 V =)
Baujahre	1939-43; 1954/58

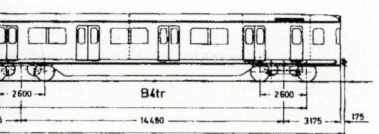

Dreiteiliger Triebzug BR 470/870

Die Baureihe 470/870 ist eine Weiterentwicklung der bewährten Baureihe 471/871. Als Verbesserungen sind eine höhere Antriebsleistung, die gesteigerte Höchstgeschwindigkeit und massensparender Stahlleichtbau zu nennen.

Die ursprünglich als ET/EM 170.1 bezeichneten Triebzüge wurden von MAN, Orenstein & Koppel, Rathgeber und Wegmann gebaut. Sie wurden vorwiegend für den Einsatz auf den damaligen Neubaustrecken nach Bergedorf und Aumühle bzw. nach Pinneberg beschafft. Zwischen 1959 und 1970 wurden 45 Triebzüge gebaut. Sie tragen die Wagennummern 470 101 / 870 101 / 470 401 – 470 145 / 870 145/ 470 445. Bis 2001 sollen alle Fahrzeuge ausgemustert sein.

In ihrem Grundriß orientiert sich die BR 470/870 am Vorgänger der BR 471/871. Der Triebzug besteht aus zwei vierachsigen Triebwagen und einem nicht angetriebenen,118

vierachsigen Mittelwagen. Untergestell und Wagenkasten aus Profilen und Blechen sind nun in geschweißter Stahlleichtbauweise erstellt. Dadurch konnte die Eigenmasse von 130 t auf 111 t gesenkt werden. Die Stirnfronten erhielten nun eine Panoramaverglasung. Stirn- und Schlußleuchten wurden nun getrennt ausgeführt. Feste Seitenfenster mit aufklappbaren Lüftungsfenstern wurden eingebaut. Anstelle der Blechträgerdrehgestelle Bauart Görlitz wurden solche der Bauart München-Kassel von Wegmann eingebaut.

Pro Triebdrehgestell sind zwei querliegende Tatzlagermotoren eingebaut. Die Antriebsleistung wurde von 145 kW auf 160 kW pro Motor ge-

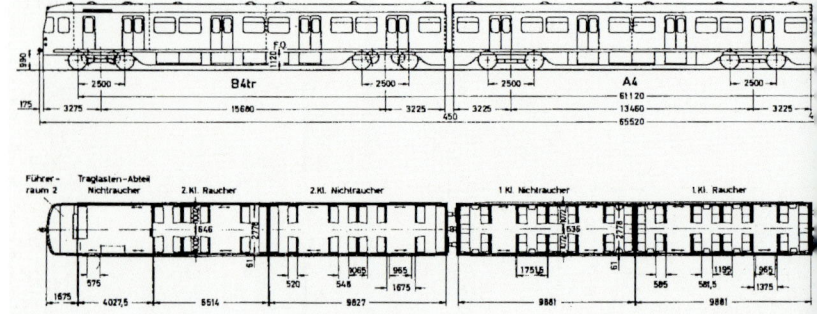

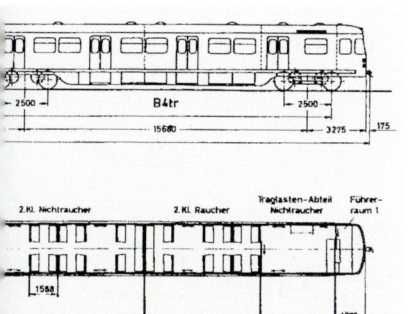

steigert. Das elektromotrisch angetriebene Nockenschaltwerk verfügt über 25 Anfahr-, zwei Dauerfahr- und eine Beschleunigungsstufe. Neben der elektrischen Bremse ist die elektrisch angesteuerte Druckluft-Scheibenbremse vorhanden. Neu war die Möglichkeit der Rückspeisung von Bremsenergie in die Stromschiene. Die elektri-

sche Aggregate und die Druckluftanlage wurden wiederum in durchgehenden, staubdicht abgeschlossenen Bodenwannen zwischen den Drehgestellen untergebracht.

Technische Daten

Radsatzfolge	Bo'Bo'+2'2'+Bo'Bo'
Länge ü.K.	62,52 m
Breite	2,90 m
Radstand	2,60 m
Drehgestellmittenabst. (Endw.)	14,48 m
Drehgestellmittenabst. (Mittelw.)	13,06 m
Eigenmasse	111 t
Sitzplätze	198
Motorleistung	8 x 160 kW (1200 V =)
Baujahre	1959, 1966-69

Dreiteiliger Triebzug BR 472/473

In enger Zusammenarbeit mit dem Bundesbahn-Zentralamt München und der Bundesbahndirektion Hamburg entwickelten LHB, MBB, BBC, Siemens und die Knorr-Bremse Anfang der 70er Jahre einen neuen, leistungsfähigen Triebzug für die Hamburger S-Bahn.

Der Triebzug ist eine Weiterentwicklung der bewährten Baureihen 471 und 470. Mit seiner kantigen Linienführung und der einteiligen Stirnscheibe unterscheidet er sich auch äußerlich von seinen Vorgängern. Wesentliche technische Neuerungen waren die massensparende Leichtmetallbauweise und die Motorisierung des Mittelwagens. Die Fahrzeuge tragen die Nr. 472 001/473 001/472 501 – 472 062/473 062/472 562. LHB lieferte die Endwagen, MBB die Mittelwagen. Mit dieser Baureihe wurde die neue Lackierung Ozeanblau/Beige eingeführt. Nun werden die Fahrzeuge in Rot/Lichtgrau umlackiert. Auch werden sie in einem Re-Designprogramm modernisiert.

Die Wagenkästen sind in Aluminiumbauweise mit Strangpreßprofilen und tragender Beblechung erstellt. Die Stirnfronten bestehen aus glasfaserverstärktem Polyester. In den Endwagen sind vier Doppelschwenkschiebetüren pro Wagenseite eingebaut, im 1.-Klasse-Mittelwagen nur drei. Innen sind ausschließlich Quersitze in Abteilform (2+2) vorgesehen. Auf Traglastenabteile wurde verzichtet. Nach dem Vorbild des Wechselstromtriebzuges 420/421 wurde zusätzlich zur Gummifederung eine Luftfederung zwischen Wagenkasten und Drehgestell vorgesehen. Bei der 2. Bauserie wurde der Innenraum übersichtlicher gestaltet. Außerdem wurden an den kurzgekuppelten Wagenenden Fenster angebracht. Da die Triebzüge noch länger eingesetzt werden, werden sie in Farbgebung und Innendesign an die BR 474 angepaßt.

In jedem Drehgestell sind zwei vierpolige Gleichstrommotoren in Tatzrollenlagerbauart eingebaut. Wiederum wurde ein konventionelles Schaltwerk eingebaut, das elektronisch

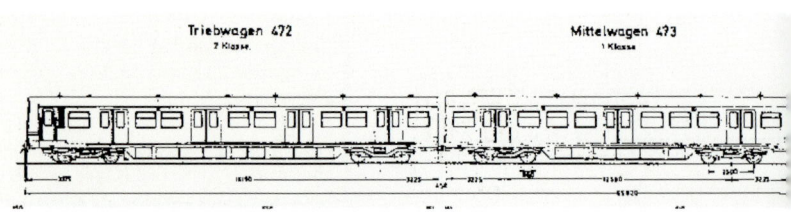

Triebwagen 472
2. Klasse

Mittelwagen 473
1. Klasse

geregelt wird. Die Fahr- und Bremssteuerung kann manuell oder automatisch erfolgen. Der Einsatz mit älteren Triebzügen im Zugverband ist möglich. Die längstmögliche Einheit ist der Langzug (drei Triebzüge). Die meisten elektrischen Geräte sind unter dem Wagenboden in einer Bodenwanne angeordnet. Die Höchstgeschwindigkeit beträgt 100 km/h. Durch den Leichtbau und die höhere Antriebsleistung konnte die maximale Anfahrtbeschleunigung von 1,0 auf 1,15 m/s^2 gesteigert werden. Die Triebzüge sind mit Haftwertkontrolleinrichtung, Sicherheitsfahr-

schaltung und Indusi ausgerüstet und für den Einbau von Linienzugbeeinflussung vorbereitet. Als Betriebsbremse dient die fremderregte, stufenlos einschaltbare Widerstandsbremse. Ergänzt wird sie durch die elektrisch angesteuerte, selbsttätige Druckluft-Scheibenbremse, die als Haltebremse dient. Sie ist mit einem elektronischen Gleitschutz ausgestattet.

Technische Daten

Radsatzfolge	Bo'Bo'+ Bo'Bo'+Bo'Bo'
Länge ü.K.	65,82 m
Breite	2,90 m
Radstand	2,50 m
Drehgestellmittenabst. (Endw.)	2,50 m
Drehgestellmittenabst. (Mittelw.)	12,59 m
Eigenmasse	114,4 t
Sitzplätze	196
Motorleistung	12 x 125 kW (1200 V =)
Baujahre	1974-76, 1982-84

Triebwagen 472
2. Klasse

Dreiteiliger Triebzug BR 474/874

Mit einem modernen Fahrzeugdesign, ansprechender Innenraumgestaltung und leistungsfähiger, wartungsarmer Drehstromantriebstechnik erfüllen die Triebzüge der Baureihe 474/874 alle Ansprüche an ein modernes Nahverkehrsfahrzeug.

Der dreiteilige Triebzug wurden von ALSTOM LHB und Adtranz zusammen mit der DB AG entwickelt. Anders als bei der BR 472/473 wird der Mittelwagen weder angetrieben noch gebremst. Die Triebzüge tragen die Nummern 474 001/874 001/474 501 – 474 103/874 103/474 603.

Der Wagenkasten ist nicht mehr in Leichtmetall-, sondern in Stahlleichtbauweise unter Verwendung von Nirosta-Stahl hergestellt. Die Rohbauten des Trieb- und Mittelwagens sind weitgehend identisch. Besonderer Wert wurde auf eine Optimierung der Geräuschdämmung gelegt. Die mit GFK-Teilen verkleideten Fronten werden von der großen, geneigten Stirnscheibe bestimmt. Pro Wagen und Seite sind drei doppelflügelige Schwenkschiebetüren von 1300 mm lichter Weite eingebaut, die bei der 1. Serie (45 Triebzüge) pneumatisch, bei der 2. elektrisch bedient werden. Die Trennwand zum Fahrerraum ist verglast. Zwischen den Einzelwagen wurden keine Durchgänge eingebaut. Der Fahrerraum wurde unter Mitwirkung der HHA nach modernsten ergonomischen Erkenntnissen gestaltet. Die Drehgestelle mit aus Kastenprofilen zusammengeschweißten Rahmen sind für enge Gleisradien ausgelegt. Die Primärfederung erfolgt über Gummirollfedern, die Sekundärfederung über Luftfedern mit zusätzlichen Gummischichtfedern. Ergänzend sind Schwingungsdämpfer vorgesehen.

Jedes Triebdrehgestell verfügt über zwei besonders klein und leicht gebaute, wassergekühlte Drehstromasynchronmotoren. Jeweils vier Motoren werden von einem ebenfalls wassergekühlten GTO-Wechselrichter gespeist. Die Abwärme wird der Heizungsanlage zugeführt. Mit den älteren S-Bahn-Triebzügen sind die Fahrzeuge nur mechanisch kuppelbar. Das Mikroprozessorsystem MICAS-S übernimmt die Fahr-/Bremssteuerung und weitere Leitfunktionen. Bis zu drei Triebzüge können im Zugverband eingesetzt werden. Jeder Endwagen verfügt über ein zentrales Steuergerät. Ein Diagnosesystem meldet dem Fahrer allfällige Störungen. Die Kommunikation mit den dezentralen Steuergeräten erfolgt über Fahrzeugbus. Nahezu alle elektrischen Geräte sind in den Bodenwannen der Endwagen untergebracht. Zur kombinierten Nutz- und Widerstandsbremse treten die Druckluft-Scheibenbremse als Zusatz- und Ersatzbremse sowie die Federspeicher-Feststell-

bremse. Zunächst 20 Triebzüge werden nun durch Einbau von Transformator, Wechselrichter und Dachstromabnehmer im Mittelwagen in Zweisystemfahrzeuge umgerüstet.

Technische Daten

Radsatzfolge	Bo'Bo'+2'2'+Bo'Bo'
Länge ü.K.	66,00 m
Breite	3,01 m
Radstand (Triebdrehgestell)	2,30 m
Radstand (Laufdrehgestell)	1,80 m
Drehgestellmittenabst. (Endw.)	16,19 m
Drehgestellmittenabst. (Mittelw.)	13,28 m
Eigenmasse	102 t
Sitzplätze	208
Motorleistung	8 x 115 kW (1200 V =)
Baujahre	1996-2001

Seit 1967 werden in Deutschland neue S-Bahn-Systeme angelegt, die aus dem ÖPNV der betreffenden Großräume nicht mehr wegzudenken sind. Elektrische Triebzüge werden derzeit in fünf Netzen eingesetzt: München, Rhein-Main, Rhein-Ruhr, Mittlerer Neckar und Hannover.

Alle von der DB nach 1945 eröffneten S-Bahn-Systeme nutzen 15 kV 16 2/3 Hz Wechselspannung und Stromzuführung über Oberleitung. Als Vorteile dieses Stromsystems gelten die Nutzung bereits elektrifizierter Bahnstrecken und die Kompatibilität des gemeinsamen Stromsystems, z. B. bei Umleitungsfahrten. Außerdem werden im Wechselspannungsbetrieb weniger Unterwerke benötigt. Nachteilig sind die höheren Kosten beim Bau von Tunnelstrecken und beim Unterhalt der Oberleitungen. Außerdem ist der Wechselspannungsmotor wartungsaufwendiger als der Gleichspannungsmotor. Die Nutzbremse hat im Wechselspannungsbetrieb einen geringeren Wirkungsgrad.

Folgende S-Bahn-Systeme wurden von der DB bzw. DB AG nach 1945 eröffnet: Rhein-Ruhr (1967), München (1972), Rhein-Sieg (1975), Rhein-Main (1978), Mittlerer Neckar (1978), Nürnberg (1987), Hannover (2000). In Planung ist ein S-Bahn-Netz Rhein-Neckar.

Gestützt auf einen Beschluß des VII. Parteitags der SED zur „Schaffung attraktiver Nahverkehrssysteme" in den Städten der DDR legte die Deutsche Reichsbahn S-Bahnen in folgenden Großräumen an: Halle (1969), Leipzig (1969), Magdeburg (1974), Rostock (1974, bis 1985 dieselbetrieben), Dresden (1974, teilweise dieselbetrieben, erst ab 1990 als S-Bahn bezeichnet) sowie Erfurt (1976). Als Wagenmaterial wurde der lokbespannte Wendezug mit doppelstöckigen Einzel- und Steuerwagen bzw. Gliederzügen Standard. Die Erfurter S-Bahn wurde 1995 wegen unzureichender Benutzung eingestellt. Im folgenden sollen lediglich diejenigen S-Bahn-Systeme mit Wechselspannungsbetrieb vorgestellt werden, die bisher elektrische Triebzüge eingesetzt haben: Mittlerer Neckar, Hannover, München, Rhein-Main und Rhein-Ruhr. Vorläufer der S-Bahn Rhein-Ruhr ist der 1933 mit dampfgeführten Wendezügen eröffnete „Ruhrschnellverkehr". Ab 1957 wurden die neuen Triebzüge ET 30 im Nahschnellverkehr eingesetzt. Der Beschluß zur Anlage eines S-Bahn-Netzes in dem 5 000 m² großen Verkehrsraum erfolgte 1965. Im September 1967 wurde die erste Linie zwischen Ratingen Ost, Düsseldorf Hbf und Düsseldorf-Garath in Betrieb genommen. Sie wurde mit Wendezügen, bestehend aus E41-Lokomotiven und „Silberlingen", betrieben. Mit Netzausweitung im Mai 1974 auf drei Linien wurden Triebzüge der BR 420/421 eingeführt, doch ging man ab 1979 auf

Vor der Station Hackerbrücke verläßt die Münchner S-Bahn den Innenstadt-tunnel. Rechts im Bild sind die Gleisanlagen des Hauptbahnhofes (Flügel-bahnhof Nord, ehemaliger Starnberger Bahnhof)

den neuentwickelten „Wendezug Rhein-Ruhr" über. Da keine Tunnel-strecken vorhanden sind, konnte auf Triebzüge mit hoher Anfahrbeschleuni-gung verzichtet werden. Immer wieder kam die BR 420/421 aushilfsweise zum Einsatz. 1980 wurde der „Verkehrsver-bund Rhein-Ruhr" (VRR) ins Leben ge-rufen. Das S-Bahn-Netz Rhein-Ruhr wurde langsam, aber stetig ausge-dehnt. 1985 erfolgte die Netzverknüp-fung mit dem S-Bahn-Netz Rhein-Sieg über die S11 (Bergisch Gladbach –

Düsseldorf). Im Mai 1988 wurde die 82 km lange Ost-West-Linie S8 zwischen Mönchengladbach und Hagen eröff-net. Trotz verschiedener Lückenschlüs-se in den letzten Jahren ist das S-Bahn-Netz Rhein-Ruhr aber hinter den ur-sprünglichen Planungen von 1969 zurückgeblieben. Im April 2000 gingen die ersten 24 Triebzüge der BR 423/433 in Betrieb.

Die Münchner Vorortstrecken wurden ab 1925 elektrifiziert. Bereits Ende der 30er Jahre wurde beschlossen, ein

S-Bahn-Netz anzulegen. Ein kurzes Stück des geplanten Tunnelkreuzes im Stadtgebiet wurde fertiggestellt. Nach dem Krieg ruhte das Projekt. 1966 wurde mit dem Bau einer unterirdischen „Verbindungsbahn" zwischen Hauptbahnhof, Karlsplatz, Marienplatz und Ostbahnhof begonnen. Sie verknüpft die westlichen und östlichen Vorortstrecken. Im Mai 1972 gingen auf einen Schlag sechs vollwertige S-Bahn-Linien in Betrieb, die von den neuen Triebzügen der BR 420/421 bedient wurden. Gleichzeitig trat der Münchner Verkehrs- und Tarifverbund (MVV) in Kraft. Das Münchner S-Bahn-Netz hat einen Anteil von fast 60 Prozent an der gesamten MVV-Verkehrsleistung. Zum 25. Jubiläum der S-Bahn im Jahr 1997 war die Streckenlänge auf 434,2 km angewachsen (darunter 29,9 km dieselbetrieben). Acht elektrifizierte S-Bahn-Linien und eine mit VT-628-Dieseltriebwagen bediente S-Bahn-Linie werden heute eingesetzt. Jährlich werden rund 225 Mio. Fahrgäste befördert. In der zweiten Jahreshälfte 2000 trafen die ersten von 133 sehnlichst erwarteten Neubauzügen der Baureihe 423/433 ein. Derzeit wird eine zweite Innenstadtdurchquerung Münchens untersucht. Sie soll entweder im Zuge des bestehenden Eisenbahn-Südrings oder mittels einer zweiten Tunnelröhre nördlich der bestehenden unterirdischen Strecke realisiert werden. Zur Verbesserung der Flughafenanbindung sind als Alternativen eine „Expreß-S-Bahn" und eine neu anzulegende Transrapid-Strecke im Gespräch. Bis zum Jahresende 2000 soll hierüber eine Entscheidung fallen.

Im Jahr 1969 wurde mit dem Bau des S-Bahn-Systems Rhein-Main begonnen. Vier Jahre nach Gründung des „Frankfurter Tarif- und Verkehrsverbundes" (FVV) konnte im Mai 1978 das Netz eröffnet werden. Es bestand damals aus sechs Linien, die überwiegend bestehende Eisenbahnstrecken nutzten. Die zur Hauptwache führende Tunnelstrecke wurde 1983 zur Konstablerwache und 1990 zum Südbahnhof bzw. zur Stresemannallee verlängert. 1995 trat mit dem Rhein-Main-Verkehrsverbund (RMV) Deutschlands größter Verkehrsverbund auf einer Fläche von 14 000 km² in Kraft. Als Besonderheit halten in der unterirdischen Frankfurter Tunnelstation Hauptwache die S-Bahn-Züge und die Züge der Stadtbahnlinien U6, U7 nebeneinander (Bild S. 121). Im Jahr 2000 wurden acht Linien betrieben. Zahlreiche Abschnitte wurden unabhängig trassiert bzw. zweigleisig ausgebaut. Rund 130 Triebzüge befördern pro Jahr etwa 180 Mio. Fahrgäste. Im Bau sind zwei neue Strecken von Offenbach-Ost nach Dietzenbach bzw. nach Rodgau und Rödermark (insgesamt 17,8 km).

Im Raum Stuttgart bestand bereits seit 1933 ein S-Bahn-ähnlicher Betrieb auf der Strecke Ludwigsburg – Stuttgart – Esslingen. Eingesetzt wurden Triebwagen und Steuerwagen ET/ES 65. Drei Monate nach dem Netz Rhein-Main wurde im September 1978 das

In der unterirdischen Station Hauptwache halten die Triebzüge der S-Bahn Rhein-Main (links) neben den Gelenkwagen der Frankfurter Stadtbahn

S-Bahn-Netz Mittlerer Neckar mit damals drei Linien eröffnet. Am vorläufigen Endpunkt des Innenstadttunnels Hauptbahnhof – Schwabstraße wendeten die Triebzüge der BR 420/421 über eine unterirdische Schleife. Der Verkehrs- und Tarifverbund Stuttgart (VVS) trat ebenfalls 1978 in Kraft. Die Tunnelstrecke wurde 1985 nach Vaihingen (Rohr) verlängert. Im Jahr 2000 war das Netz auf sechs S-Bahn-Linien angewachsen. Als erstes System setzte Stuttgart ab Dezember 1999 die neue BR 423/433 fahrplanmäßig ein.

Die für das Jahr 2000 in Aussicht genommene Weltausstellung EXPO beschleunigte die Anlage eines S-Bahn-Systems in Hannover. Obwohl keine innenstadtquerende Tunnelstrecke angelegt wurde, fiel die Wahl auf Triebzüge. Im Mai 2000 wurde das Netz eröffnet. Da die Bahnsteighöhe bei 760 mm verbleibt, werden Triebzüge der BR 424/434 mit einer Einstieghöhe von 798 mm eingesetzt. Da die Fahrzeuge zum EXPO-Beginn nicht rechtzeitig fertiggestellt wurden, mußten für Stuttgart und München bestimmte Triebzüge der BR 423/433 mit einer Einstieghöhe von 995 mm aushelfen. Bereits seit 1970 besteht in Hannover ein Verkehrsverbund (ursprünglich Großraumverkehr Hannover, heute Kommunalverband Großraum Hannover).

Künftig werden wohl auch die S-Bahn-Netze Dresden, Halle, Leipzig sowie das projektierte S-Bahn-Netz Rhein-Neckar Triebzüge der BR 424/434 einsetzen. Für die Leipziger Innenstadt wird eine Tunnelstrecke projektiert.

Der vom Bundesbahn-Zentralamt München zusammen mit der Industrie entwickelte „Olympiazug" ist mit Thyristorsteuerung und niveaugeregelten Luftfederung ausgestattet. Bei der Vorstellung des Fahrzeugs im Jahr 1970 war der dadurch erreichte Fahrkomfort eine Sensation.

Der dreiteilige, kurzgekuppelte Triebzug besteht aus zwei Endwagen mit Führerstand und einem kürzeren Mittelwagen. Kleinste Einheit ist der „Kurzzug". Zwei Triebzüge können als „Vollzug", deren drei als „Langzug" im Zugverband eingesetzt werden. Insgesamt 479 Triebzüge wurden in acht Bauserien hergestellt. Die Wagennummern lauten 420 001/421 001/420 501 – 420 380/421 380/420 890 sowie 420 400/421 400/420 900 – 420 488/421 488/420 988.

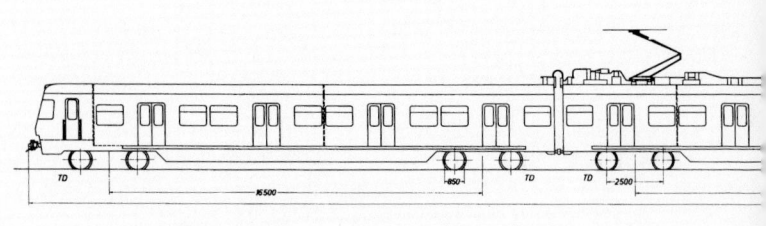 Der Wagenkasten des Endwagens ist in Stahlleichtbauweise, der Wagenkasten des Mittelwagens in Aluminiumbauweise gefertigt. Ab der 2. Bauserie kam ausschließlich die massensparende Aluminiumbauweise

zur Anwendung. Der Wagenkasten bildet mit dem als Bodenwanne ausgebildeten Untergestell eine geschweißte, selbsttragende Röhrenkonstruktion. Pro Wagen und Seite sind vier druckluftbediente, doppelte Taschenschiebetüren von 1000 mm lichter Weite vorgesehen. Wegen Problemen im Winter ging man ab der 7. Bauserie zu Schwenkschiebetüren über. Der Fahrerraum ist durch eine Wand mit Durchgangstür abgetrennt. Er ist außerdem mit beidseitigen Außentüren ausgestattet. Im Fahrgastraum finden sich Quersitze in Abteilform (2+2). In einem Endwagen am Führerstandsende ist ein Traglastenabteil mit klappbaren Längssitzen vorgesehen. Einige für den Münchner Flughafenverkehr bestimmte Triebzüge der für Stuttgart entwickelten

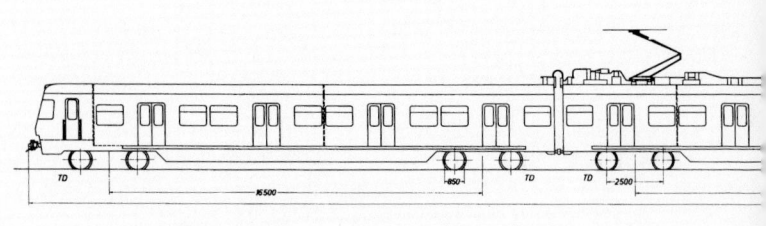

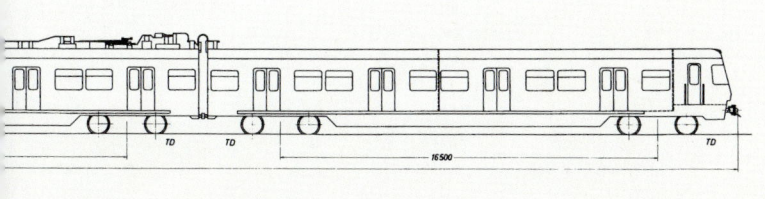

7. Bauserie erhielten eine hellblaue Sonderlackierung und eine abweichende Inneneinrichtung. Im Zuge eines „Redesignprogrammes" werden die Triebzüge der 2.-6. Bauserie an den Standard der 7. und 8. Bauserie angepaßt: zusätzliches Traglastenabteil im anderen Endwagen, neues Innendesign mit textilen Sitzbezügen, halbhohe Glasschürzen, geänderte Haltestangen.

Pro Drehgestell sind zwei Mischstromkommutatormotoren eingebaut. Jeweils sechs Motoren sind einer der beiden unabhängigen Traktionsanlagen in den Endwagen zugeordnet. Der Triebzug war das erste DB-Fahrzeug mit Thyristor-Phasenanschnittssteuerung. Über zwei unsymmetrisch-halbgesteuerte Gleichrichterbrücken in Folgeschaltung kann die

Nur bei der Münchner S-Bahn sind die Triebzüge der Baureihe 420/421 in allen Farbvarianten eingesetzt: Blau (vorige Seite), Orange (oben), Hellblau (unten; ursprünglich für die Flughafenzüge gewählt) und Nahverkehrsrot

Triebzug der BR 420/421 der S-Bahn Rhein-Main in Nahverkehrsrot

Fahrmotorenspannung stufenlos verändert werden. Maximale Beschleunigungs- und Bremsveröerungswerte von 1,0 bzw. 0,9 m/s² werden erzielt. Zur Stromabnahme wird ein Einholmstromabnehmer verwendet (früher zwei). Die Höchstgeschwindigkeit beträgt 120 km/h. Ergänzend zur Wider-

standsbremse steht die Drukluft-Scheibenbremse als Anhaltebremse sowie als unabhängige Ersatzbremse zur Verfügung. Ab der 7. Bauserie erhielten die Radsätze eine zweite Bremsscheibe; außerdem wurde eine Federspeicherbremse eingebaut.

Innenraum der Baureihe 420/421 im „Redesign"

Technische Daten*

Radsatzfolge	Bo'Bo'+ Bo'Bo'+Bo'Bo'
Länge ü.K.	67,40 m
Breite	2,90 m
Radstand	2,50 m
Drehgestellmittenabst. (Endw.)	16,50 m
Drehgestellmittenabst. (Mittelw.)	14,00 m
Eigenmasse	139,8*); 129 bzw. 135 t
Sitzplätze	194
Motorleistung	12x120 kW (15 KV 16 2/3 Hz)
Baujahre	1969/97

*) Endwagen in Stahlbauweise; Mittelwagen in Alubauweise

Die Baureihe 423/433 wird im neuen Jahrtausend die bewährte Baureihe 420/421 bei den S-Bahn-Netzen Mittlerer Neckar, München und Rhein-Main ablösen. In puncto Wirtschaftlichkeit, Umweltfreundlichkeit, Sicherheit und Fahrgastkomfort werden sie neue Maßstäbe setzen.

Anstelle eines dreiteiligen Triebzuges mit schmalen Übergängen entschied sich die DB AG 1994 für einen vierteiligen Gelenkzug mit Jakobsdrehgestellen. Der vierteilige Triebzug ist mit 67,40 m Länge über Kupplung exakt so lang wie sein dreiteiliger Vorläufer, kommt jedoch mit einem Drehgestell weniger aus. 300 Züge wurden bei dem Konsortium Adtranz und AL-STOM LHB in Auftrag gegeben. Sie werden die Nr. 423 001/433 001/433 501/423 501 ff. tragen. Die ersten Fahrzeuge gingen nach Anlaufschwierigkeiten im Dezember 1999 auf der Stuttgarter S1 (Plochingen – Herrenberg) in den Fahrgastbetrieb.

Der dreiteilige Zug besteht aus zwei Endwagen und zwei Mittelwagen. Wagenkasten und Untergestell sind in geschweißter Aluminiumbauweise unter Verwendung von Großstrangpreßprofilen erstellt. Der als GFK-Haube in Sandwichbauweise ausgeführte Fahrzeugkopf wird eingeklebt. Pro Wagenteil und Seite sind drei doppelflügelige, elektrisch angetriebene Schwenkschiebetüren vorgesehen. Mit einer lichten Weite von 1300 mm sind sie geräumiger als bei der BR 420/421 (1000 mm). Im klimatisierten Innenraum sind gepolsterte Abteilquersitze (2+2) eingebaut. Für die Netze Stuttgart und Rhein-Ruhr wer-

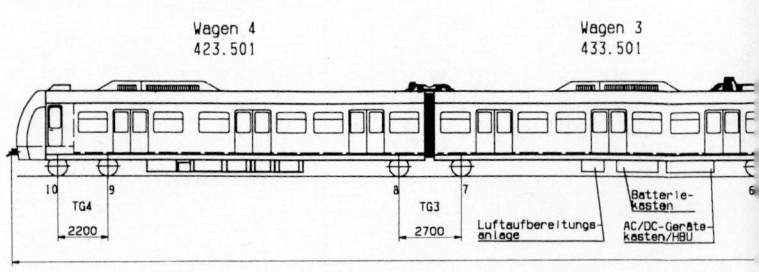

DB
423 065-2

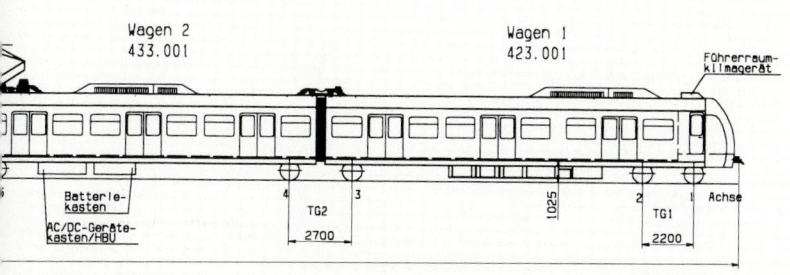

den 1.-Klasse-Wagenabteile vorgesehen. Bei den Endeinstiegen ist jeweils ein Mehrzweckabteil mit klappbaren Längssitzen eingebaut. In Schwachlastzeiten kann der hintere Zugteil durch eine Glaswand verschlossen werden. Der Fahrerraum ist durch eine Wand mit Drehtür und Fenster vom Fahrgastraum abgeteilt. Er kann auch durch Außentüren erreicht werden. Die Bedienelemente sind halbkreisförmig angeordnet. Die Rahmen der wiegen-

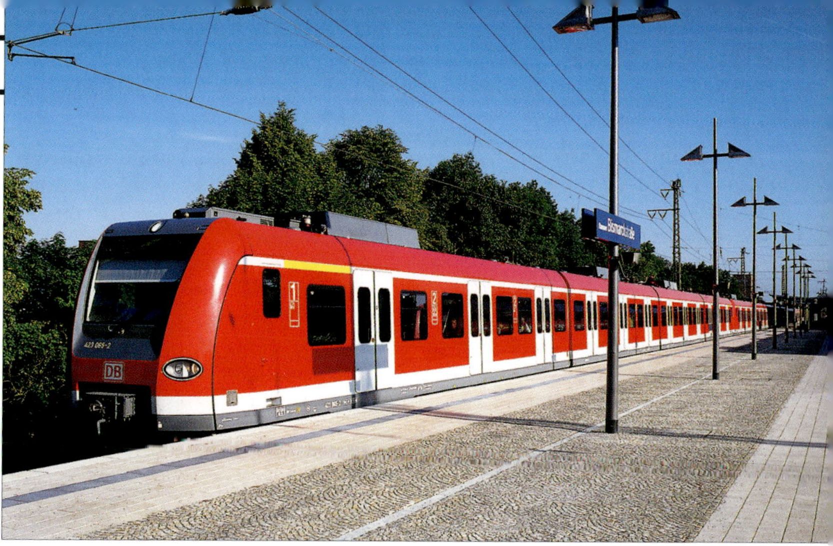

Wagen 2
433.001
Wagen 1
423.001
Führerraum-klimagerät
Batterie-kasten
AC/DC-Geräte-kasten/HBU
4
3
TG2
2700
1025
2
1
Achse
TG1
2200

losen Drehgestelle sind aus Stahlblechen zusammengeschweißt. Es sind Monobloc-Räder eingebaut. Die Zug- und Bremskräfte werden über mittig angeordnete Längslenker in Tiefanlenkung vom Drehgestell zum Wagenkasten übertragen. Die Primärfederung erfolgt über Gummikonusfedern, die Sekundärfederung über Luftfedern mit integrierten Gummischichtfedern. Die Fußbodenhöhe von 1025 mm wird auf konstanter Höhe gehalten. Die Einstieghöhe konnte auf 995 mm abgesenkt werden, womit an Hochbahnsteigen (960 mm) ein nahezu stufenloser Einstieg ermöglicht wird.

Die Enddrehgestelle und zwei der drei Jakobsdrehgestelle sind motorisiert. Lediglich das mittlere Jakobsdrehgestell wird weder angetrieben noch gebremst. Die vierpoligen, wassergekühlten und vollgekapselten Drehstromasynchronmotoren treiben die Achse über zweistufige Stirnradgetriebe und Keilpaketkupplung an. Jeweils vier Motoren sind einer der beiden Antriebsanlagen zugeordnet. Die beiden Vierquadranten-Eingangssteller formen die Wechselspannung in Gleichspannung um. Ein GTO-Wechselrichter erzeugt dreiphasigen Drehstrom variabler Spannung und Frequenz. Das mikroprozessorgesteuerte Leitsystem MICAS-S regelt stufenlos das Fahren und Bremsen sowie weitere Subsysteme wie z. B. das Fahrgastinformationssystem und das Türsteuergerät. Vom zentralen Steuergerät werden die Sollwerte über Fahrzeugbus an das Antriebs- bzw. Bremssteuergerät geleitet. Ein Diagnosesystem lokalisiert etwaige Störungen und meldet sie an den Fahrer weiter.

Die Höchstgeschwindigkeit beträgt 140 km/h. Max. drei Triebzüge können im Zugverband eingesetzt werden. Die Kommunikation zwischen den Fahrzeugen erfolgt über Zugbus. Als Betriebsbremse dient die kombinierte Widerstands- und Nutzbremse, als Ersatzbremse die über Zugbus angesteuerte elektropneumatische Scheibenbremse mit integriertem Gleitschutz. Außerdem wurde als Feststellbremse die Federspeicherbremse vorgesehen.

Technische Daten

Radsatzfolge	Bo'(Bo')(2')(Bo')Bo'
Länge ü.K.	67,40 m
Breite	3,02 m
Radstand (Enddrehgestell)	2,20 m
Radstand (Jakobsdrehgestell)	2,70 m
Drehgestellmittenabst. (Endw.)	17,84 m
Drehgestellmittenabst. (Mittelw.)	15,06 m
Eigenmasse	109,0 t
Sitzplätze	192
Motorleistung	8x293,75 kW (15 KV 16 $\frac{2}{3}$ Hz)
Baujahre	ab 1998

Die Triebzüge der Baureihen 424/434 wurden für die neuen S-Bahn-Netze Hannover, Rhein-Neckar und evtl. Dresden, Halle und Leipzig entwickelt, die aus Kostengründen an niedrigeren Bahnsteighöhen von 760 mm festhalten. Zunächst 40 Triebzüge wurden bei der Waggonindustrie in Auftrag gegeben.

Die BR 424/434 ist Bestandteil der modular aufgebauten Fahrzeugfamilie 423/424/425/426, die sich durch niedrige Beschaffungs- und Instandhaltungskosten sowie hohe Umweltfreundlichkeit der Materialien und der Produktion auszeichnet. Alle Fahrzeuge tragen die Nahverkehrslackierung der DB AG (Verkehrsrot/Lichtgrau). Zahlreiche Kernbaugruppen wie z. B. die Drehgestelle, die automatische Scharfenbergkupplung, die elektropneumatische Bremsanlage, die Sitze, der Dachstromabnehmer und die Leittechnik, sind einheitlich ausgeführt. Wegen der unterschiedlichen Fußbodenhöhe mußten verschiedene elektrische Ausrüstungskomponenten unterschiedlich ausgeführt werden. Beim Konsortium Adtranz, Bombardier und Siemens wurden 60 Triebzüge bestellt. Im Februar 1998 wurde das erste

Fahrzeug der Öffentlichkeit vorgestellt. Da die Triebzüge nicht rechtzeitig zum Beginn der EXPO ausgeliefert werden konnten, mußten dort die Triebzüge der BR 423/433 aushelfen. Die Triebzüge der BR 424/434 werden in die Nummerngruppe 424 001/434 001/434 501/424 501 ff. eingereiht.

Der vierteilige Gelenktriebwagen entspricht konstruktiv der BR 423/433. Wesentlicher Unterschied ist der von 1025 mm auf 798 mm Höhe abgesenkte Fußboden. Dadurch wird ein nahezu stufenloser Einstieg an 760 mm hohen Bahnsteigen ermöglicht. Zur Überbrückung des 270 mm breiten Spaltes zwischen Bahnsteigkante und Einstiegsraum sind Klapptritte eingebaut. Außerdem sind an den Endeinstiegen Hubschwenklifte vorgesehen. Wegen des niedrigeren Fahrzeugbodens mußten einige über Drehgestellen angeordnete Sitzgruppen auf Podeste gestellt werden. Der Wagenkasten ist von 3,02 m auf 2,84 m verschmälert. Die seitliche Fensterbrüstung wurde nach unten gezogen. Pro Wagenteil und Seite nur zwei statt drei Schwenkschiebetüren eingebaut. Wie bei der BR 423/433 ist das Innenraumdesign hell und übersichtlich gestaltet. Die Über-

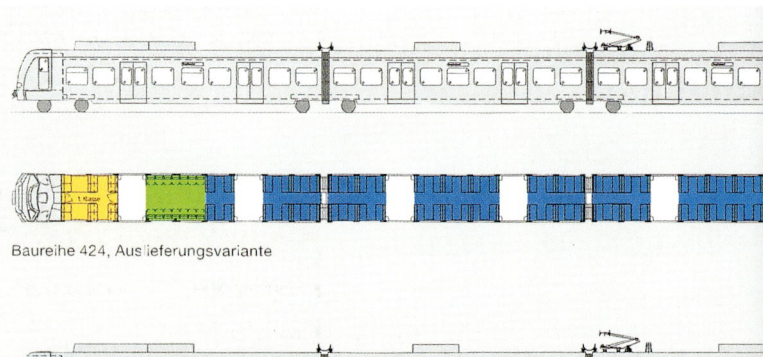

Baureihe 424, Auslieferungsvariante

Baureihe 425, Auslieferungsvariante

gänge sind kaum eingezogen, das gesamte Fahrzeug ist stufenlos begehbar. Hinter beiden Fahrerräumen sind 1.-Klasse-Abteile vorgesehen. Sie sind größer dimensioniert als bei der BR 423/433 (zwölf statt sechs Sitzplätze pro 1.-Klasse-Abteil). Auch die mit klappbaren Längssitzen ausgestatteten Mehrzweckräume in den beiden Endwagen sind geräumiger als bei der BR 423/433. Als Premiere in einem S-Bahn-Fahrzeug wurde in einem der beiden Mehrzweckräume eine behindertengerechte Vakuumtoilette vorgesehen. Aufgrund der geringeren Abmessungen wurde der Fahrerraum abweichend eingerichtet.

Wegen der unterschiedlichen Einbauverhältnisse mußten bestimmte elektrische Ausrüstungsteile, wie z. B. Transformator und Stromrichter, gesondert ausgeführt werden. Sie sind bei der BR 424/434 besonders flach gebaut. Die Triebwagen beider Baureihen können daher nur mechanisch miteinander gekuppelt werden. Die Dachcontainer zur Aufnahme elektrischer Geräte sind bei der BR 424/434 größer dimensioniert als bei der BR 423/433. Beide Baureihen weisen dieselbe Höchstgeschwindigkeit und dieselben maximale Beschleunigungs- und Bremsverzögerungswerte auf (140 km/h bzw. 1,0/0,9 m/s²). Maximal vier Triebzüge der BR 424/434 können im Zugverband eingesetzt werden.

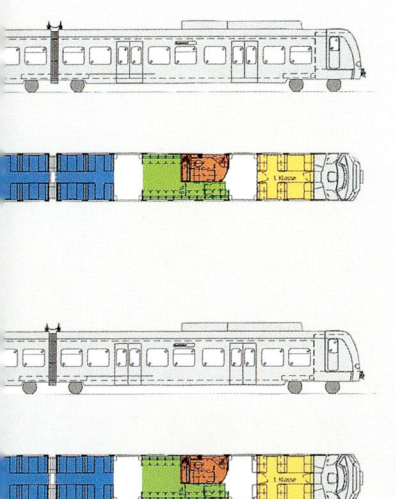

Technische Daten

Radsatzfolge	Bo'(Bo')(2')(Bo')Bo'
Länge ü.K.	67,50 m
Breite	2,84 m
Radstand (Enddrehgestell)	2,20 m
Radstand (Jakobsdrehgestell)	2,70 m
Drehgestellmittenabst. (Endw.)	17,87 m
Drehgestellmittenabst. (Mittelw.)	15,11 m
Eigenmasse	114 t
Sitzplätze	206
Motorleistung	8x293,75 kW (15 kV 16 2/3 Hz)
Baujahre	ab 1999

Die Jakobsgelenk-Triebwagen der Baureihen 425/435 und 426 wurden als Varianten der Baureihe 424/434 abgeleitet. Da sie für den Regionalverkehr der Ballungsräume konzipiert sind, handelt es sich nicht um S-Bahn-Fahrzeuge.

Beim Konsortium Adtranz, Bombardier und Siemens wurden 156 Triebzüge der BR 425/435 sowie 43 Triebzüge der BR 426 in Auftrag gegeben. Inzwischen sind die als 425 001/435 001/435 501/425 501 ff. bzw. 426 001/426 501ff. bezeichneten Züge abgeliefert, aber noch nicht alle abgenommen.

Der vierteilige Jakobsgelenk-Triebwagen (BR 425/435, (Zeichnung S. 130/131) entspricht im wagenbaulichen Teil weitgehend der BR 424/434. Die BR 426 (Zeichnung unten) ist die zweiteilige Variante. Da die

Fahrzeuge für den Einsatz an unterschiedlich hohen Bahnsteigen konzipiert sind, wurden die Einstiege mit zusätzlichen Trittstufe versehen. An den Endeinstiegen wurden außerdem Hublifte eingebaut. Wegen der längeren durchschnittlichen Reisezeiten sind komfortablere Sitze eingebaut.

Die elektrische Ausrüstung entspricht derjenigen der BR 424/434. Die BR 425/435 und 426 sind jedoch für eine Höchstgeschwindigkeit von 160 km/h anstatt 140 km/h bei den BR 423/433 und 424/434 ausgelegt.

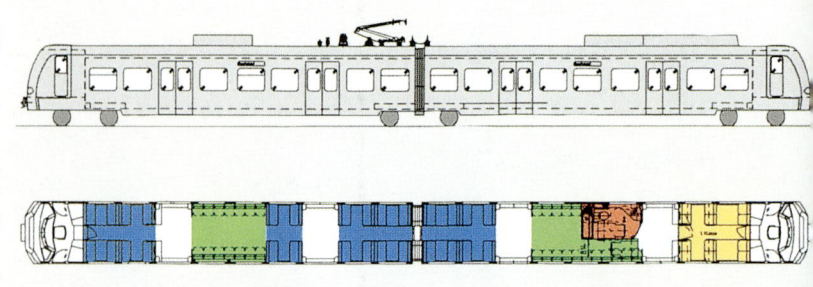

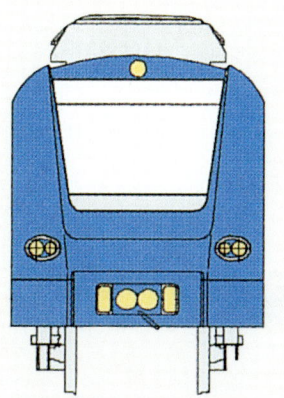

Neue Fahrzeuge im Regionalverkehr: Die Elektrotriebzüge der Reihen 425 und 426 (Aufnahme in Iserlohn) ersetzen vielerorts lokbespannte Silberling-Wendezüge, die mitunter fast ein halbes Jahrhundert lang der Standard im Nahverkehr waren

Technische Daten*

Radsatzfolge	Bo'(Bo')(2')(Bo')Bo'; Bo'Bo'Bo'
Länge ü.K.	67,50; 36,49 m
Breite	2,84 m
Radstand (Enddrehgestell)	2,20 m
Radstand (Jakobsdrehgestell)	2,70 m
Drehgestellmittenabstand (Endwagen)	
	17,87; 17,87 m
Drehgestellmittenabstand (Mittelwagen)	
	15,11; – m
Eigenmasse	114; 63,2 t
Sitzplätze	206; 100
Motorleistung	
8 x 293,75; 4 x 293,75 kW (15 kV 16 $^2/_3$ Hz)	
Baujahre	ab 1999

*) in Reihenfolge BR 425/435; 426

Die Stadtbahn Karlsruhe

Mit bescheidenen Mitteln wurde in den 90er Jahren im Einzugsbereich von Karlsruhe ein effektives Regionalstadtbahnnetz aufgebaut. Das von Staat und Land geförderte „Modell Karlsruhe" wurde zum Vorbild für viele gleichartige Projekte im In- und Ausland.

Früher mußten die Fahrgäste aus dem Umland mit den DB-Vorortzügen zum Karlsruher Hauptbahnhof fahren und dort in die Straßenbahn umsteigen. Da ein klassisches S-Bahn-Netz mit einer Tunnelstrecke unter der Innenstadt nicht finanzierbar war, ging Karlsruhe den umgekehrten Weg: Die Straßenbahn sollte mit geeigneten Fahrzeugen auf DB-Strecken wechseln und in die Region fahren. Durch den Betrieb der eisenbahnmäßig konzessionierten und in das Straßenbahnnetz mündenden Albtalbahn verfügten die Verkehrsbetriebe bereits über einschlägige Erfahrungen. Ab 1958 war die nach Bad Herrenalb führende Albtalbahn von Meter- auf Normalspur umgebaut, von Wechsel- auf Gleichspannung umgestellt und in das Straßenbahnnetz integriert worden. Die neuen Gelenktriebwagen der Albtalbahn waren für einen Betrieb sowohl gemäß der Verordnung über den Bau- und Betriebs für Straßenbahnen (BOStrab) als auch gemäß der Eisenbahn-Bau- und Betriebsordnung (EBO) zugelassen. Für die Nutzung der DB-Vorortstrecken mußten die Fahrzeuge aber zudem wechselstromtauglich sein.

1991 wurde die erste Serie Zweisystemwagen (750 V Gleichstrom und 15 kV, 16 2/3 Hz Wechselstrom) aus-

geliefert. In Karlsruhe-Durlach wurde eine Verbindungsrampe zwischen Straßenbahnnetz und DB-Netz gebaut. Im Herbst 1992 ging die Pilotlinie Karlsruhe – Grötzingen – Bretten in Betrieb. Am 29. Mai 1994 wurde der Stadtbahnbetrieb auf den DB-Linien Karlsruhe – Bruchsal, Karlsruhe – Rastatt – Baden-Baden, Karlsruhe – Wörth und Bruchsal – Bretten eingeführt. Diese Linien fahren ausschließlich auf Eisenbahngleisen. Gleichzeitig trat der Karlsruher Verkehrs-Verbund (KVV) in Kraft. Seither werden die in die Region führenden Stadtbahnlinien mit dem Qualitätsmerkmal „S" vor der Nummer gekennzeichnet. Das Symbol „S" ist auch an den Stationen angebracht.

Zwischen 1997 und 2000 wurden neue Verbindungen auf DB-Gleisen nach Pforzheim, Wörth, Eppingen, Odenheim und über die Verbundgrenze hinaus nach Mühlacker, Bietigheim-Bissingen und Heilbronn eingerichtet. Neubaustrecken wurden nach Blankenloch sowie innerhalb von Wörth gebaut.

Im Jahr 2000 wurden sieben Regionalstadtbahnlinien auf einem 290 km langen Netz betrieben. An verschiedenen Stellen verlassen sie die Grenzen des Verkehrsverbundes. Größtes Ausbauprojekt ist der stadtbahnmäßige Aus-

Der Albtalbahnhof in Karlsruhe hat mit seiner Überdachung ein großstädtisches Aussehen erhalten. Die nach Bad Herrenalb führende Albtalbahn (Linie A, heute S1) war die erste Eisenbahnstrecke, die mit dem Straßenbahnnetz verknüpft wurde. Hier ist kein Zweisystembetrieb erforderlich

bau der Murgtalbahn bis Forbach. Verschiedene weitere Verlängerungen sind in Planung, darunter die Abschnitte Wörth – Badepark, Blankenloch – Friedrichstadt – Spöck sowie die straßenbahnmäßig trassierte Weiterführung der Stadtbahn bis in die Heilbronner Innenstadt. 1955 war die städtische Straßenbahn in Heilbronn eingestellt worden. Nun soll dieses Verkehrsmittel in moderner Form wiederkehren. Saarbrücken übernahm ab 1997 mit der „Saarbahn" das Karlsruher Modell. Auch in Kassel wurden Eisenbahnstrecken einbezogen; hier ist jedoch kein Zweisystembetrieb notwendig. Weitere Interessenten für das „Karlsruher Modell" sind u. a. Braunschweig, Chemnitz, Frei-

burg i. Br., Hagen, Heidelberg, Kaiserslautern, Lübeck, Magdeburg, München, Siegen und Wiesbaden.

Bei manchen neuanzulegenden Stadtbahnsystemen könnte auch ein Elektro-/Diesel-Zweisystembetrieb attraktiv sein, da dann Elektrifizierungskosten im Umland entfallen. Die Bahnindustrie arbeitet an entsprechend ausgerüsteten Fahrzeugen.

In Zwickau ging man den umgekehrten Weg: Dieselgetriebene „Regiosprinter" der Vogtlandbahn erhielten die von der BOStrab vorgeschriebenen Einrichtungen und wurden im Mai 1999 auf einem auch von der meterspurigen Straßenbahn benutzten Dreischienengleis in die Innenstadt geführt.

Der Karlsruher Zweisystem-Stadtbahnwagen mit elektrischer Ausrüstung von ABB war weltweit das erste Fahrzeug, das übergangslos von Stadtbahn- auf Eisenbahnstrecken mit unterschiedlichem Strom- und Sicherungssystem wechseln konnte.

Bereits 1979 war die Linie A unter Einbeziehung einer bislang nicht elektrifizierten DB-Güterstrecke nach Neureut verlängert worden. 1992 eröffnete man die Linie B zwischen Karlsruhe und Bretten (heute als S4 bezeichnet). Nun war ein Zweisystemfahrzeug für 15 kV, 16 2/3 Hz Wechselspannung und 750 V Gleichspannung erforderlich. Der achtachsige GT8-100C/2SY wurde aus dem achtachsigen Stadtbahnwagen GT8-80C entwickelt. DUEWAG lieferte zwischen 1991 und 1995 die Zweisystemwagen 801-836. Hiervon gehören die Tw 801-816 und 821-836 den Verkehrsbetrieben Karlsruher (VBK) bzw. der Albtalbahn-Verkehrs-Gesellschaft (AVG), die Tw 817-820 der Deutschen Bahn AG (DB AG); letztere tragen zusätzlich deren Betriebsnummern 450 001-004. Die

Zweisystemwagen laufen auf den Linien S3, S4, S5 und S9.

Im Unterschied zum GT8-80C handelt es sich um ein Zweirichtungsfahrzeug mit symmetrischen Wagenenden. Wagenkasten- und Drehgestellkonstruktion entsprechen dem Vorbild. Anstelle der Außenschwingtüren wurden Schwenkschiebetüren (mit vierter Schwenktrittstufe) vorgesehen. Sie sind nun im A- und B-Teil zwischen den Drehgestellen angeordnet; an den Wagenenden finden sich keine Türen mehr. Das mittlere C-Teil ist türlos ausgeführt. Im A- und B-Teil wurden überwiegend vierreihige Quersitze in Abteilform, im C-Teil hingegen hintereinander angeordnete vierreihige Quersitze vorgesehen. An den Wagenenden sind jeweils drei

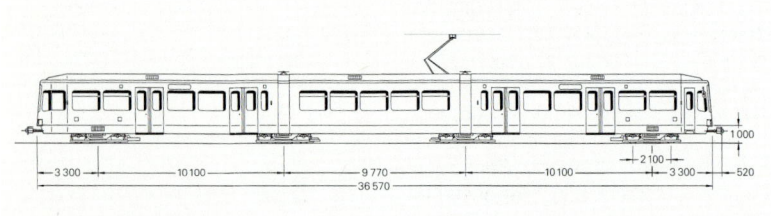

Sitzplätze als Klappsitze ausgeführt. Die beiden klimatisierten Führerstände sind vollständig vom Fahrgastraum abgetrennt; in der Rückwand befindet sich eine Tür mit Zahlkasse. Außerdem steht dem Fahrer eine kleine äußere Fahrertür jeweils vorne rechts zur Verfügung. Bei den Tw 809/810 ist im Mittelteil eine chemische Toilette eingebaut.

Bei Betrieb auf DB-Strecken werden ein Gleichrichter und ein Transformator vorgeschaltet. Der Systemübergang erfolgt automatisch. Die 15-kV-Zusatzausrüstung ist platzsparend im Dachbereich und unter dem Boden des C-Teil untergebracht. Zwei getrennte Antriebseinheiten umfassen jeweils einen Fahrmotor, Gleichstromsteller und Wagensteuergerät. Die MICAS-Mikroprozessorsteuerung regelt stufenlos Fahren und

Bremsen. Der Einholmstromabnehmer ist nun auf dem C-Teil angeordnet. Die Fahrzeuge sind mit Sifa, Indusi, Zugbahnfunk, induktiver Fahrsperre und VBK/AVG-Betriebsfunk ausgestattet und damit gemäß EBO und BO-Strab zugelassen.

Technische Daten*

Radsatzfolge	B'2'2'B'
Länge	36,57 m
Breite	2,65 m
Radstand im Drehgestell	2,10 m
Drehgestellmittenabstand	
	10,10-9,77-10,10 m
Eigenmasse	58,6 t
Sitzplätze	100*)
Motorleistung	2 x 280 kW (750 V=)
Baujahre	1991-95

*) 97 (Tw 809, 810 mit Toilette)

Jakobsgelenk-Triebwagen GT8-100D/2SY-M

Für die im Mai 1997 neueröffneten Regionalstadtbahnlinien wurden weitere Zweisystem-Stadtbahnwagen beschafft. Wesentliche Neuerungen sind die von Adtranz gelieferte Drehstromantriebstechnik und die Verringerung der Bodenhöhe. Der Mittelfluranteil beträgt 35 Prozent.

Die 31 Gelenkwagen tragen die Nr. 837-867. Bei den Tw 845-848 wurde im Mittelwagen ein Speiseabteil eingebaut. Sie sind anstelle des üblichen Gelb/Rot/Grau durch eine abweichende weiß/rot/graue Lackierung und die Aufschrift „RegioBistro" gekennzeichnet.

Die Fahrzeuge sind im wagenbaulichen Teil vom Typ GT8-100C/2SY abgeleitet (siehe S. 136). Bug und Heck erhielten nun horizontal gekrümmte Frontscheiben. Krafteinleitungsplatten an den Stirnseiten bieten zusätzlichen Schutz vor Auffahrunfällen. Aufgrund der platzsparenden Drehstromantriebstechnik konnte der Wagenboden von 1000 mm auf 880 bzw. 890 mm, im A- und B-Teil zwischen den Drehgestellen und im Mittelteil auf 630 mm abgesenkt werden. Die Einstieghöhe beträgt 580 mm und wird durch einen Schiebetritt auf 380 mm abgesenkt. An DB-Bahnsteigen können dadurch Lücken überbrückt werden. Außerdem wurde der Achsabstand in den Trieb- und Laufdrehgestellen von 2,10 m auf 1,90 m verringert. Die Seitenfenster sind nicht mehr in Rahmen gelagert, sondern bündig in die Seitenwand eingeklebt. Die vierreihigen Quersitze sind in Abteilen (A- und B-Teil) bzw. hintereinander (C-Teil) angeordnet. Die Bistrowagen verfügen im C-Teil über Küche, Wasseranlage, Theken- und Tischeinrichtungen, Beschallungs- und Klimaanlage, chemische Toilette sowie über zusätzliche Panoramafenster im Dachvoutenbereich.

Pro Triebdrehgestell treiben jeweils zwei querliegende, wassergekühlte Asynchronmotoren über ein

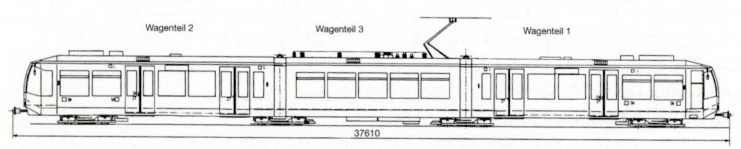

Wagenteil 2   Wagenteil 3   Wagenteil 1

37610

zweistufiges Getriebe und eine zweige-
lenkige Hohlwellen-Keilpaketkupplung
die Radsätze an. Getriebe und Motor
bilden zusammen eine Einheit und sind
über elastische Elemente am Drehgestell befestigt. Jedem der beiden Triebdrehgestelle ist ein Traktionswechsel-
richter zugeordnet. Er besteht aus zwei
unabhängigen Stromrichterbaugrup-
pen. Stromrichter und Fahrmotoren
sind in einem geschlossenen Kühlsy-
stem zusammengefaßt. Der Transformator und Gleichrichter sind platzsparend unter dem Boden des Mittelwagens angebracht. Das Mikroprozessorsystem MICAS-S übernimmt die
Fahr-/Bremssteuerung und weitere
Leitfunktionen. Betriebsbremse ist die
generatorische Bremse (mit Rückspeisung von Bremsenergie ins Netz), An-
halte- und Feststellbremse die pneumatisch bediente Federspeicher-
Scheibenbremse (in allen Drehgestellen

eingebaut), Notbremse die Magnetschienenbremse. Die Fahrzeuge können mit den Gleichstromstellerfahrzeu-
gen des Typs GT8-100C/2SY im Zugverband verkehren.

Technische Daten

Radsatzfolge	Bo'2'2'Bo'
Länge	36,75 m
Breite	2,65 m
Radstand i. Drehgestell	1,90 m
Drehgestellmittenabstand	
	10,10/9,77/10,10 m
Eigenmasse	58,5; 62,0 t
Sitzplätze	100; 85
Motorleistung:	4 x 127 kW (750 V=)
Baujahre	1997-99

Die Stadtbahn Saarbrücken

32 Jahre nach Einstellung der meterspurigen Straßenbahn kehrte sie in modernem Gewand zurück: Die ab 1997 in Betrieb genommene, normalspurige „Saarbahn" beschränkt sich nicht auf das Stadtgebiet, sondern fährt nach Karlsruher Vorbild auf DB-Gleisen in die Region.

Der geringe Anteil des ÖPNV in Saarbrücken und die absehbare Überlastung der Busse führten zu einem Umdenken: 1991 stimmte der Stadtrat dem Bau eines Stadtbahnsystems zu. Durch die Wiedereinführung der leistungsfähigeren Schiene sollte der Anteil des ÖPNV im Stadtverkehr von 25 % (1993) auf 45 % gesteigert werden. Nach Karlsruher Vorbild stellt die „Saarbahn" zudem auf bestehenden DB-Regionalstrecken eine direkte Verknüpfung von Stadt- und Umland her. Daher wurden Zweisystemfahrzeuge (750 V Gleichspannung und 15 kV, 16 2/3 Hz Wechselspannung) bestellt. Nach verschiedenen Verzögerungen wurde der Abschnitt am 25. Oktober 1997 eröffnet. Von der Endhaltestelle Ludwigstraße führt die Saarbahn auf einer neugebauten Innenstadtstrecke zur Halbergstraße. Auf einer 600 Meter langen Verbindungsrampe mit Systemtrennstelle wechselt sie auf die DB-Vorortstrecke Brebach – Sarreguemines (Saargemünd). Am Standort Schleifmühle ist ein gemeinsam von der Saarbahn und der DB genutzter Betriebshof projektiert. Die Saarbahn wurde nach anfänglichen Widerständen und Befürchtungen gut angenommen. 1999 wurden 9,0 Mio. Fahrgäste befördert. An ihrem westlichen Endpunkt wurde die Linie 1 im August 1999 bis zum Cottbusser Platz verlängert. Ende 2000 wird sie die vorübergehende Endstelle Rastpfuhl/Siedlerheim erreichen. Die Strecke soll zunächst bis Walpershofen, schließlich 2001 bis Lebach verlängert werden. Auf dem Endstück Ertzenhof – Lebach können die bestehenden Gleise der zur Zeit stillgelegten Köllertalbahn genutzt werden.

Im April 1999 wurde an der Ludwigstraße über eine neue Rampe eine Verbindung zur DB-Strecke Richtung Messebahnhof geschaffen. Als Zubringer wird an Messetagen eine Linie 2 (Römerkastell – Ludwigstraße – Messebahnhof – Fürstenhausen) eingesetzt. Weitere Zweiglinien unter Nutzung elektrifizierter Vollbahnstrecken sind geplant, so z. B. Saarbrücken – Scheidt, Saarbrücken – Völklingen – Saarlouis – Dillingen – Mettlach, Saarbrücken – St. Wendel – Neunkirchen – Nohfelden und Saarbrücken – Forbach. Auf der Fahrt ins französische Forbach müßten die Triebwagen zusätzlich für das SNCF-Strom- und Sicherungssystem ausgerüstet werden. Im Saarbrücker Stadtgebiet soll eine Zweigstrecke von der Haltestelle Rathaus/Johanneskirche zur Universität gebaut werden. Möglicherweise wird sie bis Dudweiler verlängert.

Auf Strecken der DB AG (oben) fährt die Saarbahn im Wechselspannungsbetrieb, auf der neu angelegten Strecke im Straßenplanum der Saarbrücker
Innenstadt (unten) im Gleichspannungsbetrieb

Gelenktriebwagen mit Mittelflurteil „S 1000"

Der allachsgetriebene Zweirichtungswagen besteht aus einem vierachsigen Mittelwagen und aufgesattelten zweiachsigen Endwagen. Das erste uneingeschränkt vollbahntaugliche Zweisystemfahrzeug gemäß EBO besitzt einen Mittelfluranteil von 48 Prozent.

Mit den vom Hersteller Bombardier auch als „Tram-Train" bezeichneten Gelenkwagen 1001-1015 wurde am 25. Oktober 1997 der erste Streckenabschnitt eröffnet. Ab Mitte 2000 folgte die Serie 1016-1028.

Die Seitenwände der A- und B-Teile sind als geschweißte Stahlträgergerippe mit aufgeklebten Aluminiumblechen, das mittlere C-Teil in Aluminiumbauweise ausgeführt. Die mit GFK verkleideten Kopfteile bestehen aus einem angeschraubten, geschweißten Stahlgerippe, das einem Pufferdruck von 60 t standhält. Das stählerne Untergestell ist mit den Seitenwänden vernietet. Das Dach ist durchgehend als Aluminiumrahmen mit aufgeklebten Stahlblechen ausgeführt. Die herabgezogenen Schürzen verdecken Drehgestelle und Kupplung. Die Primärfederung erfolgt über Gummi-/Metallfedern, die Sekundärfederung über Spiralfedern mit hydraulischem Niveauausgleich. Im A- und B-Teil sind je vier elektromechanisch bediente Doppelschwenkschiebetüren mit Klapptritt sowie eine Einfachtür mit Schiebetritt (vorne rechts) eingebaut. Die Fußbodenhöhe beträgt im klimatisierten C-Teil 805 mm, an den Wagenenden 600 mm, im Bereich der Doppeltüren 400 mm. Im Auffangraum zwischen den Doppeltüren sind nur wenige Quersitze eingebaut; sonst finden sind vierreihige Abteilquersitze. Die klimatisierten Führerstände sind durch eine Trennwand mit Zwischentür abgetrennt.

Kiepe Elektrik lieferte die 750-V-Gleichstrom-, Elin Antriebstechnik, Wien, die 15-kV-Wechselstromausrüstung sowie die automatische Systemwechselvorrichtung. Der System-

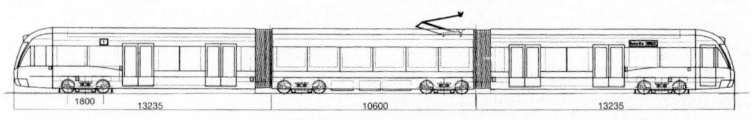

wahlschalter befindet sich auf dem Dach des C-Teiles; unter dessen Boden sind Stromrichter und Transformator angebracht. Ein wassergekühlter IGBT-Vierquadrantensteller richtet die heruntertransformierte Wechselspannung auf 750 V Gleichstrom gleich. Pro Triebdrehgestell sind zwei querliegende Drehstrom-Asynchronmotoren eingebaut. Den beiden GTO-Direktpulsumrichtern auf dem Dach des A- und B-Teiles sind jeweils vier Motoren zugeordnet. Bis zu vier Triebwagen können im Zugverband eingesetzt werden. Alle Geräte sind luftgekühlt und in wassergekühlten Containern untergebracht. Die generatorische Bremse wird ergänzt durch die hydraulische Scheibenbremse, die Federspeicherbremse

und die Magnetschienenbremse. Unter Gleichspannung wie erstmals auch unter Wechselspannung kann Bremsenergie ins Netz zurückgespeist werden.

Technische Daten

Radsatzfolge	Bo'+Bo'Bo'+Bo'
Länge	37,07 m
Breite	2,65 m
Radstand im Drehgestell	1,8 m
Eigenmasse	55,4 t
Sitzplätze	96
Motorleistung	8 x 120 kW (750 V=)
Baujahre	1997ff.

U-Bahn-Museumsfahrzeuge

Berliner Verkehrsbetriebe/BVG
(Postfach 30 31 31, 10729 Berlin, Tel. 0 30 / 2 56-1, Fax 0 30 / 2 16 41 86)

Betrieb	Nummer	Hersteller	Baujahr	Typ	Bemerkungen
Berlin (K)	7	Busch	1926	A1 T4	
Berlin (K)	722	Credé	1924	A1 B	
Berlin (K)	737	Credé	1925	A1 B	
Berlin (K)	262	Fuchs	1925	A1 T4	ex 125 438
Berlin (K)	294	vdZ	1926	A1 T4	ex 125 448
Berlin (K)	836	Niesky	1928	A2 B	
Berlin (K)	848	Niesky	1928	A2 B	
Berlin (K)	377	MAN	1929	A2 T	ex 127 618
Berlin (K)	404	Wismar	1928	A2 T	ex 127 638
Berlin (G)	26	Busch	1924	B1 T	
Berlin (G)	320	MAN	1924/25	B1 B	
Berlin (G)	66	Görlitz	1925	B1 T	
Berlin (G)	113	Dessau	1927	B2 T	
Berlin (G)	299	Busch	1927/28	B2 B	
Berlin (G)	358	Busch	1927/28	B2 B	
Berlin (G)	131	LHB	1929	B2 T	
Berlin (G)	1316	Dessau	1929/30	C2	ex 563
Berlin (G)	1338	O&K	1929/30	C2	ex 588
Berlin (G)	1804	Raw	1962	EIII/1	ex 101 004 ex 1412 ex S-Bahn ET 168 002
Berlin (G)	1805	Raw	1962	EIII/1	ex 151 005 ex 1413 ex S-Bahn EB 168 002
Berlin (G)	1816	Raw	1963	EIII/1	ex 101 016 ex 1424 ex S-Bahn ET 168 028

Der 1965 erbaute Stadtbahnprototyp 1001 (Typ U1) im Verkehrsmuseum der Stadtwerke Verkehrsgesellschaft Frankfurt (Main). Es handelt sich um einen sechsachsigen Gelenktriebwagen

Liebevoll in den Zustand von 1916 zurückversetzt wurde der 1911 erbaute Hamburger U-Bahn-Museumswagen 11 des Typs T1

Berliner S-Bahn-Triebwagen ET 165 358 Bauart „Stadtbahn" im Nürnberger DB-Museum. Er erhielt wieder die charakteristischen roten Dachlaternen

Berliner Verkehrsbetriebe/BVG (Fortsetzung)

Betrieb	Nummer	Hersteller	Baujahr	Typ	Bemerkungen
Berlin (G)	1817	Raw	1963	EIII/1	ex 151 017 ex 1425 ex S-Bahn EB 168 028
Berlin (G)	1914	Raw	1986	EIII/5-U	ex 105 114 ex S-Bahn ET 275 197
Berlin (G)	1915	Raw	1986	EIII/5-U	ex 155 115 ex S-Bahn EB 275 198
Berlin (G)	1916	Raw	1986	EIII/5-U	ex 105 116 ex S-Bahn ET 275 827
Berlin (G)	1917	Raw	1986	EIII/5-U	ex 105 115 ex S-Bahn EB 275 372

K = Kleinprofil, G = Großprofil

Aufgenommen sind die zur Erhaltung bestimmten Fahrzeuge. Sie werden nur zu besonderen Gelegenheiten gezeigt.

Ein kleines U-Bahn-Museum, das jedoch keine Fahrzeuge zeigt, ist an jedem 2. Samstag im Monat von 10.00 bis 16.30 Uhr im ehemaligen **Stellwerk Olympia-Stadion** geöffnet.

Deutsches Technikmuseum, Berlin
(Trebbiner Str. 9, 10963 Berlin-Kreuzberg, Tel. 0 30 / 25 48 40, Fax 0 30 / 25 48 41 75)

Betrieb	Nummer	Hersteller	Baujahr	Typ	Bemerkungen
Berlin (K)	559	SEG	1906	A1 B	
Berlin (G)	35	MAN	1924	B1 T	
Berlin (G)	118	Dessau	1927	B2 T	
Berlin (G)	1352	O&K	1930	C2 T	

K = Kleinprofil, G = Großprofil

Die Fahrzeuge werden nur zu besonderen „Tagen der Offenen Tür" gezeigt.

Verkehrsmuseum der Stadtwerke Verkehrsgesellschaft Frankfurt (Main)
(Rheinlandstraße 133, Frankfurt-Schwanheim, Tel. 0 69 / 2 21 76, Fax 0 69 / 2 13-2 29 65)

Betrieb	Nummer	Hersteller	Baujahr	Typ	Bemerkungen
Frankfurt (Main)	1001	DÜWAG	1965	U1	Prototyp, ex 301 ex 1001

Geöffnet samstags/sonntags von 10.00 bis 18.00 Uhr

Der Berliner U-Bahn-Kleinprofilwagen 201 des Typs A1 aus dem Jahr 1913 im DB-Museum Nürnberg

Hamburger Hochbahn AG
(Postfach 10 27 20, 20019 Hamburg, Tel. 0 40 / 32 88-0, Fax 0 40 / 32 64 06)

Betrieb	Nummer	Hersteller	Baujahr	Typ	Bemerkungen
Hamburg	11	Falkenried	1911	T1	Zustand 1916
Hamburg	18	Falkenried	1912	T1	
Hamburg	220	Falkenried	1920	T6	Zustand 20er Jahre
Hamburg	8762	AEG/Credé	1929	TU2	1959/60 Umbau ex T13 Nr. 392
Hamburg	8838	SSW/Credé	1927	TU1	1948/49 Wiederaufbau ex T12 Nr. 324
Hamburg	9022/23, 9030/31, 9034/35	DÜWAG	1958/59	DT1	9030/31 Umbau zum Partywagen

Die historischen U-Bahn-Wagen werden vom Förderverein zur Erhaltung historischer U-Bahn-Wagen in Hamburg e. V. betreut. Die Fahrzeuge werden zu besonderen Gelegenheiten gezeigt.

Verkehrsbetriebe Moskau

Betrieb	Nummer	Hersteller	Baujahr	Typ	Bemerkungen
Moskau	153		1926/27	C1	Beiwagen, ex Berlin 251 oder 351, für U-Bahn-Museum aufbewahrt

Stadtwerke München GmbH
(Postfach 20 22 22, 80287 München, Tel. 0 89 / 21 91-1, Fax 0 89 / 21 91-21 55)

Betrieb	Nummer	Hersteller	Baujahr	Typ	Bemerkungen
München	6091/7091	WMD	1967	A1	Prototyp; als historischer Zug vorgesehen

Deutsches Museum, München
(Museumsinsel 1, 80538 München, Tel. 0 89 / 21 79-1)

Betrieb	Nummer	Hersteller	Baujahr	Typ	Bemerkungen
München	6092	WMD	1967	A1	Prototyp-Wagenteil, wird im künftigen Verkehrszentrum zu sehen sein

DB-Museum, Nürnberg
(ehem. Verkehrsmuseum, Lessingstraße 6, 90443 Nürnberg, Tel. 09 11 / 2 19-58 28, Fax 09 11 / 2 19 -37 40)

Betrieb	Nummer	Hersteller	Baujahr	Typ
Berlin (K)	201	Wismar	1913	A1 T4

K = Kleinprofil

Dienstag bis Sonntag von 9.00 bis 17.00 Uhr geöffnet

Verein Verkehrsamateure und Museumsbahnen, Schönberger Strand
(c/o Hans-Jürgen Kämpf, Billhorner Deich 79, 20539 Hamburg, Tel. 0 40 / 7 89 21 16, Fax 0 40 / 39 18 23 72)

Betrieb	Nummer	Hersteller	Baujahr	Typ	Bemerkungen
Hamburg	8041 (ex 179)		1914	T1	zuletzt Schienenpflegewagen

VVM-Museumsbahnhof Schönberger Strand, Am Schierbek 1, 24217 Schönberger Strand, geöffnet ganzjährig samstags und sonntags

Hannoversches Straßenbahn-Museum e. V., Sehnde-Wehmingen
(Hohenfelser Straße 16, 31319 Sehnde, Tel. 0 51 38 / 45 75, Fax 05 11 / 6 46 33 12)

Betrieb	Nummer	Hersteller	Baujahr	Typ	Bemerkungen
Budapest	12	Ganz	1896		„Földalatti"
Wuppertal	56	vdZ	1912		Schwebebahn

Geöffnet sonn- und feiertags, Anfang April bis Anfang Oktober, 11.00 bis 17.00 Uhr

Der Stolz der Wuppertaler Schwebebahn ist der historische „Kaiserwagen" (Nr. 5+22) aus dem Jahr 1901

Der historische Viertelzug 2303/5447 der Berliner S-Bahn wurde in den Zustand von 1929 mit 2. Polsterklasse (Fenster blau) und 3. Holzklasse versetzt

Schwebebahn-Museumsfahrzeug

Wuppertaler Stadtwerke AG (Schwebebahn)
(Postfach, 42271 Wuppertal, Tel. 02 02 / 5 69-1, Fax 02 02 / 51 16 03)

Betrieb	Nummer	Hersteller	Baujahr	Typ	Bemerkungen
Wuppertal	5+22	van der Zypen	1901	B01	„Kaiserwagen"

Aufgenommen sind in dieser Rubrik lediglich Fahrzeuge für den Personenbetrieb.

S-Bahn-Museumsfahrzeuge

S-Bahn Berlin GmbH
(Invalidenstr. 19, 10115 Berlin, Tel. 0 30 / 2 97-4 39 06, Fax 0 30 / 2 97-4 39 08)

Betrieb	Nummer	Baujahr	Gattung	Typ	Bemerkungen
Berlin	2303/5447	1929	Tw+Sw	Stadtbahn	Zustand 1929
Berlin	3662/6121	1929	Tw+Bw	Stadtbahn	Zustand 30er Jahre
Berlin	ET 165 231	1928	Tw+Sw	Stadtbahn	Zustand um 1970
Berlin	475/875 005	1928	Tw+Bw	Stadtbahn	Zustand 90er Jahre
Berlin	475/875 605	1928	Tw+Sw	Stadtbahn	Zustand 90erJahre

S-Bahn Berlin: Viertelzug 276 069/070 Bauart „Peenemünde" mit nicht umgebauter Front wird vom Verein Historische S-Bahn Berlin e. V. erhalten

Die Berliner U-Bahnwagen des Typs EIII (links) entstanden zwischen 1962 und 1990 auf der Basis von S-Bahn-Triebzügen der Baureihe 275 (rechts)

S-Bahn Berlin GmbH (Fortsetzung)

Betrieb	Nummer	Baujahr	Gattung	Typ	Bemerkungen
Berlin	ET 165 471	1929	Tw+Bw	Stadtbahn	Zustand um 1970
Berlin	275 959/954	1932/33	Tw+Bw	Wannseebahn	

Die Fahrzeuge werden zu besonderen Gelegenheiten gezeigt bzw. als historische Züge eingesetzt.

Stellwerke, Signale, Fahrwerke, Gleise, Fahrscheine etc. zeigt das **S-Bahn-Museum Berlin** im Umspannwerk Griebnitzsee, Rudolf-Breitscheid-Straße 203, 14482 Potsdam. Von April bis einschließlich November hat es jeden zweiten Samstag und Sonntag im Monat jeweils von 11.00 bis 17.00 Uhr geöffnet.

Verein Historische S-Bahn-Berlin e.V.
(Postfach 58 04 44, 10414 Berlin, Tel./Fax 0 30 / 29 71 70 50)

Betrieb	Nummer	Baujahr	Gattung	Typ
Berlin	ET 169 005b	1924	Tw-Teil	Bernau
Berlin	ET 169 002c	1924	Bw	Bernau
Berlin	ET 169 006b	1924	Bw	Bernau
Berlin	ET 169 015a	1924	Bw	Bernau

Verein Historische S-Bahn-Berlin e.V. (Fortsetzung)

Betrieb	Nummer	Baujahr	Gattung	Typ
Berlin	ET 168 029/030	1925	Tw+Sw	Oranienburg
Berlin	275 625/626	1927	Tw+Bw	Stadtbahn
Berlin	476/876 002	1928/29	Tw+Bw	Stadtbahn
Berlin	276 031/032	1934	Tw+Bw	Bankierzug
Berlin	277 003/004	1938	Tw+Bw	1938/41
Berlin	277 087/088	1938	Tw+Bw	1938/41
Berlin	276 069/070	1941	Tw+Sw	Peenemünde
Berlin	270 001/002	1979	Tw+Bw	Probezug

Deutsches Technikmuseum, Berlin
(Trebbiner Str. 9, 10963 Berlin-Kreuzberg, Tel. 0 30 / 25 48 40, Fax 0 30 / 25 48 41 75)

Betrieb	Nummer	Baujahr	Gattung	Typ
Berlin	275 747/748	1928	Tw+Sw	Stadtbahn
Berlin	276 035	1934	Tw	1. Bankierzug

Die Fahrzeuge werden nur zu besonderen „Tagen der Offenen Tür" gezeigt.

Eisenbahnmuseum Bochum-Dahlhausen
(Deutsche Gesellschaft für Eisenbahngeschichte/DGEG, Dr.-C.-Otto-Str. 191, 44879 Bochum, Tel. 02 34 / 49 25 16)

Betrieb	Nummer	Baujahr	Gattung	Typ
Berlin	475 003	1928	Tw	Stadtbahn

Geöffnet mittwochs und freitags 10.00 bis 17.00 Uhr, sonn- und feiertags ab April 10.00 bis 15.00 Uhr, sonn- und feiertags ab November 10.00 bis 13.00 Uhr

Historische S-Bahn Hamburg/S-Bahn Hamburg GmbH
(Steinstr. 12, 20095 Hamburg, Fax 0 40 / 39 18-22 02)

Betrieb	Nummer	Baujahr	Gattung	Typ	Bemerkungen
Hamburg	ET/EM 171 047	1954/58	Tw		als historischer Zug vorgesehen

Klützer Ostsee-Eisenbahn (KOE)
(Bahnhofstraße 4, 23948 Klütz, Tel. 03 88 25 / 32 00)

Betrieb	Nummer	Baujahr	Gattung	Typ
Berlin	475/875 007		Tw+Bw	Stadtbahn
Berlin	475/875 052		Tw+Bw	Stadtbahn

Interessengemeinschaft S-Bahn München
(Kronstadter Str. 50, 81677 München)

Betrieb	Nummer	Baujahr	Gattung	Typ	Bemerkungen
München	420 117/ 421 117/420 617	1972	Tw		als historischer Zug vor- gesehen

DB-Museum, Nürnberg
(ehem. Verkehrsmuseum, Lessingstraße 6, 90443 Nürnberg, Tel. 09 11 / 2 19-58 28,
Fax 09 11 / 2 19-37 40)

Betrieb	Nummer	Baujahr	Gattung	Typ	
Berlin	ET 165 358	1928	Tw	Stadtbahn	
Berlin	275 738	1928	Bw	Stadtbahn	
Hamburg	471 039/ 871 039/ 471 439	1943	Tw	Steht im VM-Museum Schön- berger Strand (motorlos)	

Dienstags bis sonntags von 9.00 bis 17.00 Uhr geöffnet

Eisenbahn- und Technikmuseum, Prora (Rügen)
(Postfach, 18609 Prora, Tel. 038393 / 2366)

Betrieb	Nummer	Baujahr	Gattung	Typ
Berlin	475 057		Tw	Stadtbahn

Geöffnet April – Oktober von 10.00-17.00 Uhr

Eisenbahnfreunde Walburg
(c/o Ralf Herbst, Bahnhofstr. 5, 37235 Walburg, Tel./Fax 05602 / 3880)

Betrieb	Nummer	Baujahr	Gattung	Typ
Berlin	475/875 017		Tw+Bw	Stadtbahn
Berlin	475/875 049		Tw+Bw	Stadtbahn
Berlin	475/875 601		Tw+Sw	Stadtbahn

Geöffnet Ostern bis Oktober samstags von 13.00 bis 19.00 Uhr

Aus Platzgründen muß bei den historischen S-Bahn-Fahrzeugen auf die Angabe früherer
Betriebsnummern verzichtet werden.

Alle Angaben ohne Gewähr

Der typische Innenraum eines Berliner U-Bahn-Kleinprofilwagens der Vor-
kriegszeit (Typ A1, Nr. 201, DB-Museum Nürnberg)

Der sechsteilige Berli-
ner Großprofil-Triebzug
des Typs H (siehe S. 40)
ermöglicht niveauglei-
chen Durchgang über
die gesamte Zuglänge.
Anstelle von Abteilquer-
sitzen wurden, wie 100
Jahre zuvor, Längssitze
vorgesehen. Ein klar
erkennbares Farbkon-
zept erleichtert die Ori-
entierung. Anzeiger wei-
sen auf die nächste Sta-
tion hin

Der zwischen 1967 und 1983 erbaute Münchner U-Bahn-Wagen Typ A (siehe S. 64) wurde mit der damals üblichen Sitzanordnung 2+2 ausgestattet

Noch immer nicht in Betrieb ist der sechsteiliger Triebzug Typ C (siehe S. 68) mit Übergängen zwischen den einzelnen Wagenteilen. Sitzabteile wechseln sich mit gegenüber angeordneten Sitzgruppen für Kurzstreckenfahrgäste ab (Modellaufnahme)

ABB	ABB Henschel AG, Mannheim
Adtranz	ABB Daimler Benz, Nürnberg
AEG	Allgemeine Elektrizitäts Gesellschaft, Berlin
ALSTOM LHB	Alstom Linke-Hofmann Busch, Salzgitter
BBC	Brown, Boveri & Cie., Mannheim
Bombardier	Bombardier Transportation
Busch	Waggon- und Maschinenfabrik AG, vorm. Busch, Bautzen
Credé	Waggonfabrik Gebr. Credé & Co., Kassel
Dessau	Dessauer Waggonfabrik AG
DÜWAG	Düsseldorfer Waggonfabrik AG
DUEWAG	Düsseldorfer Waggonfabrik AG (Schreibweise ab 1981)
DWA	Deutsche Waggonbau AG, Bautzen/Dessau
DWM	Deutsche Waggon- und Maschinenfabriken GmbH, Berlin
Falkenried	Waggonfabrik Falkenried, Hamburg
Fuchs	H. Fuchs Waggonfabrik, Heidelberg
Gotha	Gothaer Waggonfabrik AG
Görlitz	Waggon- und Maschinenbau AG (WUMAG), Görlitz
Kiepe	Kiepe Bahn Elektrik GmbH
Knorr	
LEW	VEB Lokomotivbau Elektrotechnische Werke, Hennigsdorf
LHB	Linke-Hofmann-Busch Waggonfahrzeug-Maschinen GmbH, Salzgitter
MAN	Maschinenfabrik Augsburg-Nürnberg AG, Nürnberg
MBB	Messerschmidt-Bölkow-Blohm, Donauwörth
Niesky	Christoph & Unmack, Niesky
O & K	Orenstein & Koppel – Arthur Koppel AG, Berlin
Rathgeber	Waggonfabrik Rathgeber, München
RAW Schöneweide	Reichsbahnausbesserungswerk Schöneweide
SEG	Strassen-Eisenbahn-Gesellschaft, Hamburg
SSW	Siemens-Schuckert Werke, Berlin/Nürnberg
Siemens	Siemens Verkehrstechnik, Erlangen
Thyssen vdZ	van der Zypen – Charlier GmbH, Eisenbahnwagen- und Maschinenfabrik, Köln-Deutz
Waggon-Union	Waggon-Union GmbH, Berlin
Wegmann	Wegmann & Co. Waggonfabrik, Kassel
WMD	Waggon- und Maschinenbau AG, Donauwörth
Werdau	Sächsische Waggonfabrik GmbH, Werdau
Wismar	Waggonbau AG, Wismar

Abkürzungen

BOStrab	Verordnung über den Bau und Betrieb der Straßenbahnen (Straßenbahn-Bau- und Betriebsordnung)	GFK	Glasfaserkunststoff
		GT	Gelenktriebwagen
		GTO	Gate Turn Off
		IGBT	Insulated Gate Bipolar Transistor
BR	Baureihe		
BVB	Kombinat VEB Berliner Verkehrsbetriebe	IV	Individualverkehr
		K	Kleinprofil
BVG	Berliner Verkehrs-AG, später Berliner Verkehrs-Betriebe, heute Berliner Verkehrsbetriebe	KVV	Karlsruher Verkehrs-Verbund
		LZB	Linienzugbeeinflussung
		MVV	Münchner Verkehrs- und Tarifverbund
DB	Deutsche Bahn		
DR	Deutsche Reichsbahn	Raw	Reichsbahn - Ausbesserungswerk
DI	Doppeltriebwagen		
E	ertüchtigt	RMV	Rhein Main-Verkehrsverbund
EB	Elektrischer Beiwagen		
EBO	Eisenbahn-Bau- und Betriebsordnung	SED	Sozialistische Einheitspartei Deutschlands
EM	Elektrischer Mittelwagen	SEG	Strassen-Eisenbahn-Gesellschaft
ES	Elektrischer Steuerwagen		
ET	Elektrischer Triebwagen	VEB	Volkseigener Betrieb
FVV	Frankfurter Tarif- und Verkehrsverbund	VVS	Verkehrs- und Tarifverbund Stuttgart
G	Großprofil		

Achtert, Hajo: Typenbuch U-Bahn. Fahrzeuge für den Fahrgastverkehr. Kleun- und Großprofil. Hrsg. von der BVG, Berlin o. J.

Benecke, Stephan et al.: Die Geschichte der Hamburger Hochbahn, Berlin 1999

Bley, Peter: Berliner S-Bahn, Düsseldorf 7 (1997)

Janikowski, Andreas/Ott, Jörg: Deutschlands S-Bahnen, Berlin 1994

Lemke, Ulrich/Poppel, Uwe: Berliner U-Bahn, Düsseldorf 4 (1996)

Pischek, Wolfgang/Junghardt, Holger: Die Münchner U-Bahn, München 1998

Pospischil, Reinhard/Rudolph, Ernst: S-Bahn München, Düsseldorf 1997

Riechers, Daniel: Metros in Europa, Berlin 1996.

Riechers, Daniel: S-Bahn-Triebzüge. Neue Fahrzeuge für Deutschlands Stadtschnellverkehr, Stuttgart 2000

Stadt Nürnberg (Hrsg.): Zug um Zug. U-Bahn Nürnberg, Nürnberg 1992

Uebel, Lutz/Richter, Wolfgang-D. (Hrsg.): 150 Jahre Schienenfahrzeuge aus Nürnberg. Beiträge zur Geschichte des Waggonbaues, Freiburg i. Br. 1994

DER STADTVERKEHR (heute: der stadtverkehr), Brackwede bzw. Freiburg i. Br. 1 (1956) ff.

STRASSENBAHN MAGAZIN (heute: STRASSENBAHN NAHVERKEHR MAGAZIN), Stuttgart bzw. München 1 (1970) ff.

Bildnachweis

Register

Die weiteren Abbildungen stammen vom Verfasser oder aus dessen Archiv. Den Herstellern Adtranz, ALSTOM, Bombardier und Siemens AG sei für die Überlassung ihrer Wagenzeichnungen gedankt.

Mein Dank gilt den Herren Karl-Heinz Gewandt, Axel Güttner, Martin Hanisch, Frank Muth und Helmut Roggenkamp, die jeweils einen Teil des Manuskriptes durchgesehen haben.